养殖致富攻略·一线专家答疑丛书

牛病防控关键技术有问必答

陈春林　周淑兰　主编

中国农业出版社

图书在版编目（CIP）数据

牛病防控关键技术有问必答/陈春林，周淑兰主编
.—北京：中国农业出版社，2017.1（2018.8重印）
（养殖致富攻略·一线专家答疑丛书）
ISBN 978-7-109-21992-2

Ⅰ.①牛… Ⅱ.①陈… ②周… Ⅲ.①牛病—防治—问题解答 Ⅳ.①S858.23-44

中国版本图书馆CIP数据核字（2016）第188457号

中国农业出版社出版
（北京市朝阳区麦子店街18号楼）
（邮政编码100125）
责任编辑 黄向阳 刘宗慧

北京通州皇家印刷厂印刷 新华书店北京发行所发行
2017年1月第1版 2018年8月北京第3次印刷

开本：880mm×1230mm 1/32 印张：6.375
字数：188千字
定价：16.00元

编 写 人 员

主　　编　陈春林　周淑兰

副 主 编　杨　柳　游斌杰
徐登峰

编　　者（排名不分先后）

陈春林　曹国文
付利芝　游斌杰
杨　柳　徐登峰
杨　睿　周　雪
张邑帆　王孝友
翟少钦　张素辉
杨松全　杨金龙
郑　华　李成君
陈　静　李成洪
周淑兰　沈克飞
周　鹏　景绍中
张　敏　薛　梅
黄　健　李大军
朱建军

本书有关用药的声明

兽医科学不断发展，标准用药安全注意事项必须遵守，但随着最新研究及临床经验的发展，知识也在不断更新，因此治疗方法及用药也必须或有必要做相应的调整。建议读者在使用每一种药物之前，参阅厂家提供的产品说明书以确认推荐的药物用量、用药方法、所需用药的时间及禁忌等。医生有责任根据经验和对患病动物的了解决定用药量及选择最佳治疗方案。出版社和作者对任何在治疗中所发生的对患病动物或财产所造成的损害或损失，不承担任何责任。

中国农业出版社

前言

近些年来，国家十分重视农业、农村和农民问题，先后制定了一系列科技兴农与建设新农村的方针政策和措施，对促进农业进步、农村发展和农民增收，解决“三农”问题起到了重要作用。农业的发展与振兴，畜牧业是关键；在畜牧业中，养牛在我国有着悠久的历史，具有十分重要的地位。随着我国农业产业结构调整、农业基础地位的确立和人民生活水平的提高，肉牛和奶牛养殖业都有了长足的发展。做好牛病防治对促进养牛业的持续稳定发展、增加农牧民收入、提高人民群众的物质生活水平和健康水平、建设小康社会，都具有重要意义。

《牛病防控关键技术有问必答》主要采用问答的方式，用浅显和精练的文字，对牛病的诊断和治疗技术，特别是牛的常见传染病、寄生虫病、内科病、外科病和产科病的防治，进行较为系统的介绍。在内容上力求做到准确、简洁和实用。本版重点就药物及用药方案进行了说明，规范或取消了农业部及其他相关文件规定的在食品动物中禁用或限用的药物，如抗病毒类、四种喹诺酮类等。本书可供广大农牧民朋友，养牛场职工，基层兽医工作者，农业院校、农业中专和职业高中等畜牧兽医类专业的师生参考使用。由于编者知识水平有限，错误与不足之处，恳请读者提出，以备下一版时修改。

编　者

2016年6月

目　录

第一章　牛病防控基本知识

1. 牛场疫病监测有哪些规定？

当地畜牧兽医行政管理部门必须依照《中华人民共和国动物防疫法》及其配套法规的要求，结合当地实际情况，制定疫病监测方案，由当地动物防疫监督机构实施，牛饲养场应积极予以配合。

(1) 牛饲养场常规监测的疾病　至少应包括口蹄疫、结核病、布鲁氏菌病。

(2) 不应检出的疫病　牛瘟、牛传染性胸膜肺炎、牛海绵状脑病，一旦检出，应立即上报上级畜牧兽医行政部门进行封锁，采取紧急防疫措施。

除上述疫病外，还应根据当地实际情况，选择其他一些必要的疫病进行监测。

根据当地实际情况由动物防疫监督机构定期或不定期进行必要的疫病监督抽查，并将抽查结果报告当地畜牧兽医行政管理部门，并反馈到牛饲养场。

2. 预防牛病的措施有哪些？

(1) 严格消毒　树立预防为主，严格消毒，杀灭病原微生物的理念。牛场应建围墙或防疫沟，门口应设消毒池、消毒间。员工的工作服、胶鞋要保持清洁，不能穿出牛场外；车辆、行人不可随意进入牛场内；全场每年最少大消毒 2 次，于春、秋季进行；兽医器械、输精器械应按规定彻底消毒；尸体、胎衣应深埋；粪便集中堆放，经生物热消毒。总之，要抓住严格消毒这一环节，确保牛场安全。

(2) 定期检疫 每年春、秋季各进行一次结核病、布鲁氏菌病及副结核病的检疫，检出阳性或有可疑反应的牛要及时按规定处置。检疫结束后及时对牛舍内外及用具等进行一次彻底的消毒。每年春、秋各进行一次疥癣等体表寄生虫的检查；6～9月份，焦虫病流行区要定期检查并做好灭蜱工作，10月对牛群进行一次肝片吸虫的预防驱虫。春季需对犊牛群进行球虫的普查和驱虫。新引进的牛必须持有法定单位的检疫证明书，并严格执行隔离检疫制度，确认健康后方可入群。

(3) 对饲养人员进行体检 饲养人员每年至少应进行1次身体检查，如发现患有危害人、牛的传染病者，应及时调离，以防传染。

(4) 严格执行预防接种制度 每年接种1次炭疽芽孢苗，于12月份至翌年2月间进行；有的牛场为了预防布鲁氏菌病，对5～6月龄的犊牛进行布鲁氏菌19号菌苗（或猪型2号菌苗或羊型5号菌苗）口服或皮下注射；注射疫苗应坚持“三严、二准、一不漏”。即：严格执行预防接种制度、严格消毒、严格登记；接种疫苗量要准、注射部位要准；不漏掉一头牛。

(5) 加强牛场管理工作 严格控制牛只出入，已外售牛，一律不准再回场；凡外购牛，必须进行结核病、布鲁氏菌病的检疫和隔离观察，确定为阴性者，方可入场。

(6) 严格控制非生产人员进入生产区 必须进入时应更换工作服及鞋帽，经消毒室消毒后才能进入。生产区不准解剖尸体，不准养狗、猪及其他畜禽，定期灭蚊蝇。

3. 牛场消毒包括哪些内容?

严格的消毒制度是及时切断传染源、有效控制疫病的发生和传播的主要措施。消毒制度应该包括：

(1) 进场前消毒 要对整个牛舍和用具进行一次全面彻底的消毒，方可进牛。场门、生产区入口处设消毒池，消毒池内的药液要经常更换（可用2%的氢氧化钠溶液），保持有效浓度，车辆、人员都

要从消毒池经过。严格隔离饲养，杜绝带病源的人员或被污染的饲料、车辆等进入生产区。从外面进入牛场内的人员需经紫外线消毒15分钟。

（2）牛舍日常消毒　牛舍内要经常保持卫生整洁、通风良好，每天都要打扫干净。牛舍每月消毒一次，每年春、秋两季各进行一次大的消毒。常用消毒药物为：10%～20%的生石灰乳、2%～5%的烧碱溶液、0.5%～1%的过氧乙酸溶液、3%的福尔马林溶液或1%的高锰酸钾溶液。

（3）定期预防消毒　每年进行2～4次结核病定期预防消毒，常用消毒药为5%的来苏儿、10%漂白粉、3%福尔马林溶液。监测阳性牛要进行隔离。

4. 牛常用疫苗有哪些？如何使用？

免疫接种是激发机体产生特异性抵抗力，使其对某种传染病从易感转化为不易感的一种手段。目前，我国用于预防牛主要传染病的疫苗有以下几种。

（1）牛口蹄疫O型、A型灭活疫苗　预防牛、羊口蹄疫。

①牛口蹄疫O型灭活疫苗：1岁以下牛犊每头1毫升，成年牛2毫升，肌内注射。疫苗14天后开始产生免疫力，免疫期为6个月。

②牛A型灭活疫苗：6月龄以下牛犊每头1毫升，6月龄以上成年牛每头2毫升，肌内注射。首免1个月后进行一次强化免疫，以后每隔4～6个月进行一次常规免疫。

（2）炭疽疫苗　预防炭疽，疫苗有3种，使用时任选一种。免疫期1年。

①无毒炭疽芽孢苗：1岁以下牛0.5毫升，1岁以上牛1毫升，皮下注射。

②Ⅱ号炭疽芽孢苗：大、小牛一律每头1毫升，皮下注射。

③炭疽芽孢氢氧化铝佐剂苗或浓缩芽孢苗：为上两种芽孢苗的10倍浓缩制品，使用时以1份浓缩苗加9份20%氢氧化铝胶稀释后，按无毒炭疽芽孢苗或Ⅱ号炭疽芽孢苗的用法、用量使用。

以上各种苗均在接种后14天产生免疫力，每年10月份进行炭疽芽孢苗免疫注射，免疫对象为出生1周以上的牛，次年的3～4月份为补注期。

(3) 牛传染性胸膜肺炎弱毒苗 预防牛肺疫，免疫期1年。

使用方法：疫苗用生理盐水或20%氢氧化铝生理盐水稀释，体重100千克以下牛4毫升，体重100千克以上牛6毫升，皮下注射。或按照疫苗说明书使用，注射后21天产生免疫力。

(4) 牛传染性鼻气管炎弱毒疫苗 预防牛传染性鼻气管炎，适用于6月龄以上牛免疫。

使用方法：按疫苗注射头份，用生理盐水稀释为每头份1毫升，皮下或肌内注射。间隔30～45天再次注射免疫，免疫期可达1年以上。

(5) 牛沙门氏菌灭活苗 1岁以下牛1毫升，1岁以上牛2毫升，肌内注射。为增强免疫力，对1岁以上牛首免后10天，相同剂量再免疫1次。在已发病牛群中，应对2～10日龄牛犊肌内注射1毫升；怀孕牛在产前45～60天在兽医监护下注射1次，所产牛犊应在30～45日龄免疫1次，剂量均为1毫升。

(6) 气肿疽灭活苗 健康牛免疫接种，预防牛气肿疽。

使用方法：不论年龄大小牛5毫升，皮下注射。对6月龄以下的牛犊，到6月龄时应再免疫1次。注射疫苗后14天产生免疫力。

(7) 牛出血性败血症氢氧化铝菌苗（预防牛巴氏菌病） 100千克以下牛4毫升，100千克以上牛6毫升，皮下注射。21天产生免疫力，免疫期达9个月。

(8) 布鲁氏菌疫苗 疫苗有两种。

①布鲁氏菌猪型2号疫苗：无论大小牛每头均500亿，口服。免疫期二年。

②布鲁氏菌羊型5号弱毒冻干疫苗：250亿活菌，皮下注射；或室内250亿，室外400亿活菌，气雾；或口服250亿活菌。免疫期1年。

(9) 破伤风抗毒素 紧急预防或治疗破伤风。

使用方法：预防剂量，3岁以下牛3 000～6 000抗毒单位，3岁

以上牛 6 000～12 000 抗毒单位；治疗剂量，3 岁以下牛 5 000～10 000抗毒单位，3 岁以上牛 6 000～30 000 抗毒单位。皮下或静脉注射均可。治疗时可重复注射一至数次。

(10) 肉毒梭菌（C 型）**灭活苗**　预防肉毒梭菌中毒症，10 毫升，皮下注射，免疫期1年。

(11) 兽用狂犬病 ERA 株弱毒细胞苗　预防狂犬病。每瓶用灭菌蒸馏水或生理盐水稀释成 10 毫升，每头 5～10 毫升，皮下或肌内注射。免疫期 1 年。

5. 如何对奶牛场的疫病进行预防性检疫？

奶牛场每年应对奶牛常见性疫病进行预防性检疫，主要包括 4 个方面：

(1) 结核病检疫　对在群奶牛，每年春秋各进行一次结核病检疫，检疫采用结核菌素皮内变态试验。对检出的阳性牛只，应在 3 天内扑杀。凡判定为疑似反应的牛只，于第一次检疫后 30 天进行复检，其结果仍为可疑反应时，经 30～40 天后复检，如仍为疑似反应者，应判为阳性，并一律淘汰。

(2) 布鲁氏菌病检疫　每年应对奶牛进行两次布鲁氏菌病检疫。方法如下：先用虎红平板凝集试验初筛，本试验阳性者进行试管凝集试验，试管凝集试验阳性者判为阳性；试管凝集试验出现可疑反应者，经 3～4 个月后复检，如仍为可疑反应者，应判为阳性。凡阳性反应牛只一律淘汰。

(3) 其他疫病的监测　除对以上两病监测外，每年还应根据《动物防疫法》及其配套法规要求，结合当地实际情况，制定其他疫病监测方案。另外，对泌乳奶牛在干乳前 15 天，应用乳房炎诊断液进行隐性乳房炎监测，在干乳时用有效的抗菌制剂，如干乳康，及时进行防治。

(4) 对引进牛的检疫　由国内异地引进奶牛，要按规定对结核病、布鲁氏菌病、传染性鼻气管炎、口蹄疫、白血病进行检疫。

从国外引进的奶牛除按进口检疫程序检疫外，还应对白血病、传染性鼻气管炎、黏膜病、副结核病、蓝舌病复查一次。

跨省调入奶牛，调运前须到调入地动物防疫监督机构办理审批手续。不准到疫区购买牛只和饲料，新引进的牛只，必须持有输出地县级以上动物防疫监督机构出具的有效检疫证明。到达调入地后，须在当地动物防疫监督机构监督下，进行隔离饲养14天，观察确定健康后方可混群饲养。

6. 检查牛病的基本方法有哪些？

常用的检查病牛的基本方法大致有5种：视诊、触诊、叩诊、听诊和嗅诊。检查时，可视病情单一使用或综合使用上述方法。

(1) 视诊 用人的眼睛观察病牛的异常情况。方法是站在病牛左前方2～3米远的地点，首先看牛的全貌。观察其精神、姿态、被毛、胸围、腹围等方面是否正常。接着，再向左后方边走边看，按病牛的头部-颈部-胸部-腹部-四肢的顺序察看。来到病牛正后方时，停留片刻，看一下尾部和会阴部是否有异常。然后再从病牛的右后方向正前方察看，看右侧胸部、腹部、臀部等部位是否和左侧对称。如果发现有异常，兽医人员要进一步靠近病牛，反方向围绕牛体再进一步察看。最后，要让病牛溜达几圈，再看一下病牛的步履和走势。

(2) 触诊 通过用手直接触摸，检查病情。触诊又分为轻触和重触两种。轻触主要是检查病牛体表的温度、湿度和肌肉的紧张性，把手轻放在牛体表面就可以了。重触就是施加一定的压力向牛体内触摸，检查深部的组织和有无肿胀。

(3) 听诊 通过听病牛的有关部位，根据发出的响声，来判断病牛体内的病理变化。听诊法主要用于胸部检查。

(4) 叩诊 有手指叩诊和槌板叩诊两种，手指叩诊就是用弯曲的右手中指，垂直地向紧贴体表的左手中指的第二指骨中央，短而急速地连续叩打两次。叩击后，右手的中指立即抬起离开体表。接着，可依此法再叩击。槌板叩诊就是用左手拿叩诊板，并把它紧贴在病牛的体表，右手拿起叩诊槌，用腕关节的力量把叩诊槌向叩诊板上叩打。叩打的动作要短促而急速，每次叩击2～3下，然后再用此法间歇性

叩击。

使用手指叩诊还是使用槌板叩诊，要根据病牛而定。一般病犊牛用手指叩诊，成年病牛用槌板叩诊。

（5）嗅诊　用鼻子直接闻病牛呼出的气味、排泄物及分泌物等。通过嗅诊能检查出不少病症。如闻到鼻液和呼出的气体有腐败臭味，可以初步判定病牛患了肺坏疽或腐败性支气管炎；阴道分泌物有腐败性臭味时，可考虑为子宫蓄脓；皮肤及汗液有尿臭味时，可考虑为尿毒症；呼出的气体有烂苹果味时，则可考虑为酮血病。

7. 如何早期发现病牛？

只要牛得了病，机体就会有一定的病理变化，临床上就有相应的临床症状。有些疾病症状表现非常明显，容易发现和诊断；但有些疾病症状不特异，表现也很不明显，特别是在疾病的早期，如果没有经验或不细心，不容易发现牛得了病。而对于病牛来讲，早期发现、早期诊断、早期治疗是十分重要的。那么怎样才能早期发现病牛呢？这就需要我们注意牛的异常表现。

（1）精神异常　过度兴奋或精神沉郁。

（2）被毛粗乱　多为营养缺乏或慢性病、寄生虫病等消耗性疾病。

（3）饮食异常　食欲不振或废绝。

（4）反刍异常　反刍次数减少或停止。

（5）粪便异常　粪便过干或过稀，排便次数过多或过少，甚至停止。

（6）鼻镜干燥

（7）咳嗽

（8）呼吸异常　呼吸过快、过慢或呼吸困难。

（9）发烧

（10）呻吟　多为疼痛所致。

（11）久卧不起，以及其他异常表现等　遇到这些情况时，要及早请兽医进行系统的检查、诊断和治疗。

8. 如何通过采食和鼻镜变化判断牛是否患病?

(1) 采食情况 牛食欲下降、食欲废绝或偶尔吃几口，这三种情况有时可给我们确诊疾病提供重要帮助，标准化的饲槽设计也为我们观察牛的采食情况提供了便利，我们站在饲喂车间的一头就可以将牛的采食情况尽收眼中。

(2) 牛鼻镜观察 牛鼻镜，是指牛上唇中部和两鼻孔之间的无毛区，内有鼻唇腺，分泌液体经导管通到鼻镜上呈现露珠状。

如果牛鼻镜上没有露珠状的水珠，表现干燥甚至干裂，都是不正常的。一般情况下，鼻镜干裂是牛瓣胃阻塞的临床表现；鼻镜干燥是牛患发热性疾病的临床表现。

9. 怎样看牛排粪是否正常?

正常牛在排粪时，背部微弓起，后肢稍微开张并略往前伸，每天排粪 10～18 次。排粪带痛，在排粪时表现疼痛不安，弓腰努责，常见于腹膜炎、直肠损伤和创伤性网胃炎等。牛不断地做排粪动作，但排不出粪或仅排出很少量粪，多见于直肠炎。病牛不采取排粪姿势，不自主地排出粪便，见于持续性腹泻和腰荐部脊髓损伤。排粪次数增多，不断排出粥样或水样便，即为腹泻，见于肠炎、肠结核、副结核及犊牛副伤寒等。排粪次数减少、排粪量减少，粪便干硬、色暗，外表有黏液，见于便秘、前胃病和热性病等。

10. 不同形态及颜色的牛粪是哪些疾病的表现?

粪便就像消化道或肠道的一面镜子，当牛患某些消化道疾病时，常常能通过粪便的特点反映出所患何种疾病，或者间接地告诉我们病变发生的消化道部位。

(1) 粪便颜色黑、干燥 对成年牛来说，粪便干燥的直接原因是胃肠蠕动迟缓或麻痹，多由发烧所引起。如在口蹄疫、流行热等热性

疾病的初期，有相当数量的患病牛粪便会呈现这种形态变化。

(2) 胶冻样粪便　粪便外裹有胶冻样物质、质地黏稠，这是肠梗阻、肠套叠的典型表现。阻塞程度不同、胶冻样物质中所含粪便的多少也有差别，完全阻塞时只能排出少量胶冻样物质，胶冻样物质中几乎不含粪便。肠阻塞多由饲料中的异物引起，慢性肠炎也可引起肠梗阻，胃肠扭转可直接引起胃肠梗阻。

严重的真胃左方变位也可引起奶牛不完全性肠梗阻，此时粪便中会出现一定数量的黏液，这是肠黏膜脱落的结果。阻塞程度更进一步时，少量粪便的外面可被胶冻样黏液完全包裹，形成内有少量粪便、外包胶冻样黏液的球形粪便（似元宵状）。

(3) 水样粪便　粪便中有未消化的较长草段，水草分离，这是因饲喂大量粗硬难消化饲料而导致的瘤胃积食在一定阶段的粪便表现。这种粪便的特点是粪便呈水样、水草分离、粪便中含有未消化的较长草段，粪便有恶臭味。瘤胃功能严重障碍是导致此症状的直接原因，饲草在瘤胃中异常发酵是导致粪便此形态特征的直接原因。

(4) 稀面糊状粪便　奶牛副结核病在持续性腹泻阶段会表现出这种粪便异常，这种粪便的特点是腹泻量大，严重时呈喷射状，粪便质地均匀、细碎呈稀面糊状。

(5) 粪便中含有血液、黏液的水样粪便　这种粪便是牛在患病状态下较常见的一种粪便形态，多见于病毒性腹泻、肠炎、食盐中毒等疾病。

(6) 含有鲜红色血液、血块的腹泻粪便　此类粪便多见于奶牛冬痢和牛球虫病。奶牛冬痢多发生于成年牛，而奶牛球虫病多发生于2岁以内的牛。

(7) 牛梭菌性肠炎粪便特征　粪便呈恶臭的黑色水样，有一定黏度并含有少量血液成分。

(8) 粪便干、少，呈球状或饼状　这种粪便形态较少见，是牛瓣胃阻塞的症状之一，色泽变化不大。奶牛日粮以青贮或精料为主，当发生瓣胃阻塞时奶牛粪便干硬，呈球状或饼状；黄牛饲料以麦秸或稻草为主，发生瓣胃阻塞时，更加干硬，呈“算盘珠状”。

(9) 粪便中含有较多未消化精料颗粒的一过性腹泻 这种腹泻是奶牛饲养管理过程中较常见的一种腹泻形式，常常由于一次喂给较多精料，或突然更换饲料所致。这种腹泻的特点是腹泻物中含有大量未消化的精料颗粒，粪便带有较强的酸臭味。出现这种情况时，一般经过短暂地禁食精料或适当调理，大多数可恢复正常。

11. 牛排尿异常的情况有哪些?

观察牛在排尿过程中的行为与姿势是否异常，牛排尿异常有：多尿、少尿、频尿、无尿、尿失禁、尿淋漓和排尿疼痛。

12. 如何进行尿液感观检查?

尿液感观检查，主要是检查尿液的颜色、气味及其数量等。健康牛的新鲜尿液清亮透明，呈浅黄色。如排出的尿液异常，主要表现为：尿液有强烈氨味或醋酮味、尿色变深、深黄、红尿、白尿和尿中混有脓汁等。

13. 牛的保定方法有哪些?

保定牛首先应了解牛的行为，有些牛特别是公牛有用牛角抵人的习性，在前方接近牛时应首先询问畜主，所检查的牛有无抵人习惯。牛有用后肢向后外侧方踢人的本性。因此，在接近牛时不能从后外方接近，可从侧方或前方接近牛。牛的鼻镜及鼻孔是敏感部位，控制牛的头部常用鼻钳钳夹。公牛十分强悍，多数公牛都比母牛性烈，对公牛保定时更应十分小心。

(1) 牛鼻钳保定 这是控制牛头部很有效的方法，牛鼻钳有数种，永久性牛鼻钳是先将牛的两鼻孔之间鼻中隔穿透，然后再用金属条经穿刺孔穿入，金属条两端向牛鼻背面弯曲，并和笼头连接在一起。暂时保定牛用的牛鼻钳，是将长柄鼻钳给牛装上，待诊疗工作结束后再将鼻钳解脱。

(2) 肢蹄的保定

①两后肢保定：检查乳房或治疗乳房病时，为了防止牛的骚动和不安，将牛两后肢固定，方法是选择柔软的线绳在跗关节上方做“8”字形缠绕或用绳套固定，此法广泛应用于挤奶和临床诊疗。

②牛前肢的提举和固定：将牛牵到柱栏内，用绳在牛系部固定；绳的另一端自前柱由外向内绕过保定架的横梁，向前下兜住牛的掌部，收紧绳索，把前肢拉到前柱的外侧。再将绳的游离端绕过牛的掌部，与立柱一起缠两圈，则牛被提起的前肢牢固地固定于前柱上。

③后肢的提举和固定：将牛牵入柱栏内，绳的一端绑在牛的后肢系部，绳的游离端从后肢的外侧面，由外向内绕过横梁，再从后柱外侧兜住牛后肢蹄部，用力收紧绳索，使蹄背侧面靠近后柱，在蹄部与后柱多缠几圈，把后肢固定在后柱上。

(3) 倒牛保定法

①一条绳倒牛法：选一根12～15米长绳，在距绳端2米处，将绳拴在牛的角根部，并交由两助手向前牵引；绳的另一端向后牵引，在牛肩胛骨的后角，以半结作一个胸环，绕胸部一周后，再在髋结节前再经腹部围绕一周，绳游离端由3～4个人向后牵引，前方与后方同时向相反的两个方向用力拉绳，便可让牛平稳自然卧倒在地下。牛卧倒后，前方牵引绳的人立即用一只手抓住牛鼻钳（或用手抓住牛的两鼻孔），另一只手抓住牛角使牛的枕部着地，牢固地控制牛头，防止牛抬头，即可有效控制牛，使其不能站起。

②其他方法：根据治疗工作的需要，可按马属动物倒卧后四肢集拢保定法或两前肢与一后肢集拢保定而另一后肢前外方转位保定法进行保定。

14. 牛的正常生理指征及指标有哪些？

(1) 食欲和反刍　是牛健康的最可靠指征，一般情况下，只要牛生病，首先就会影响到食欲，早上给料时看饲槽是否有剩料，对于早期发现疾病是十分重要的。另外，反刍能很好地反映牛的健康状况。健康牛每日反刍8小时左右，特别晚间反刍较多。

（2）体温 成年牛的正常体温为38～39℃，犊牛为38.5～39.8℃。

（3）呼吸 成年牛每分钟呼吸15～35次，犊牛20～50次。

（4）脉搏 一般成年牛脉搏数为每分钟60～80次，青年牛70～90次，犊牛为90～110次。

（5）排泄 正常牛每日排粪10～15次，排尿8～10次。健康牛的粪便有适当硬度，为一节一节的；但育肥牛的粪便稍软，排泄次数一般也稍多。尿一般透明，略带黄色。

15. 怎样观察牛咳嗽？

健康牛通常不咳嗽，或仅发出一两声咳嗽，如连续多次咳嗽，常为病态。通常将咳嗽分为干咳、湿咳和痛咳。

（1）干咳 声音清脆，短而干，疼痛比较明显。干咳常见于喉炎、气管异物、气管炎、慢性支气管炎、胸膜肺炎和肺结核病。

（2）湿咳 声音湿而长、钝浊，随咳嗽从鼻孔流出大量鼻液。湿咳常见于咽喉炎、支气管炎、支气管肺炎。

（3）痛咳 咳嗽时声音短而弱，病牛伸颈摇头。痛咳见于呼吸道异物、异物性肺炎、急性喉炎、胸膜炎、创伤性网胃炎、创伤性心包炎等。

（4）此外，还可见经常性咳嗽，即咳嗽持续时间长，常见于肺结核病和慢性支气管炎。

16. 怎样观察牛的反刍？

健康牛一般在停止采食后半小时至1小时开始反刍，通常在安静或休息状态下进行。每天反刍10～15次，每次持续时间黄牛20～36分钟，肉牛40～60分钟。一个草团平均咀嚼次数，黄牛48次，肉牛30～60次。

17. 怎样观察牛的嗳气?

健康牛一般每小时嗳气 20～40 次。嗳气时，可在牛的左侧颈静脉沟处看到由下而上的气体移动波，有时还可听到咕噜声。嗳气减少，见于前胃弛缓、瘤胃积食、真胃疾病、瓣胃积食、创伤性网胃炎、继发前胃功能障碍的传染病和热性病。嗳气停止，见于食道梗塞，严重的前胃功能障碍，常继发瘤胃臌气。当牛发生慢性瘤胃弛缓时，嗳出的气体常带有酸臭味。

18. 怎样检查牛的眼结膜?

检查牛眼结膜，通常需检查牛的眼球结膜，即巩膜和眼睑结膜。

检查时，两手持牛角，使牛头转向侧方，巩膜自然露出。检查眼睑结膜时，用大拇指将下眼睑压开。结膜苍白、结膜弥漫性潮红和结膜黄染等变化，均属疾病状态。

19. 如何通过测定牛的体温判断牛是否患病?

牛的正常体温为 37.5～39.5℃，这里所说的体温指的是直肠温度。

(1) 体温测定操作方法

①检查体温计是否完好。

②将体温计的水银柱甩至 35℃以下。

③用酒精棉球擦拭体温计，以达到消毒和滑润的目的。

④保定牛后，缓缓旋动着将体温计插入牛的肛门内，并固定好体温计。

⑤让体温计在牛直肠内停留 3～5 分钟后取出读数。

(2) 判定标准 虽然牛的生理体温随年龄、状态、环境、性别等因素的变化而有所变化，但其变化幅度一般不会超过 0.5℃。奶牛具有耐寒、怕热的特性，许多奶牛在夏天正常体温可上升到接近 40℃，这一点大家需要注意。

①微热：体温超过正常体温 0.5～1.0℃。多见于局限性炎症及较轻的一些疾病，如口炎、鼻炎、结核初期等。

②中热：体温超过正常体温 1.0～2.0℃。多为一般性发热疾病引起。

③高热：体温超过正常体温 2.0～3.0℃。多见于中暑、附红细胞体病、焦虫病、流行热、口蹄疫等急性传染病或大面积炎症（如大叶性肺炎）所引起的疾病。

20. 如何给牛作口腔检查？

给牛做口腔检查，首先要用手把牛的口腔打开。具体方法是：用一只手捏住牛鼻中隔，并且用力向上提起，另一只手拉住牛舌头并且用力向下压迫下颌，就能使牛口张开。做牛口腔检查，要视诊、触诊、嗅诊同时并用。用视诊的方法观察口腔黏膜的颜色及舌、牙齿的状态，用触诊检查口腔的温度，用嗅诊检查口腔中的气味。

健康牛的口腔呈粉红色，有光泽。牛患有口炎、食管梗塞、某些中毒性疾病和咽炎时，口腔内过分湿润或者大量流口涎；患有口蹄疫或者水疱性口炎时，口腔内的黏膜上有水疱；食欲减少或患有口腔疾病时，口腔内常有异常的臭味。健康牛体温和口腔的温度一样，如果口腔的温度增高而体温正常，说明该牛患有口炎。

检查舌头时，要观察舌头的活动能力，有没有损伤，有没有舌苔。如有舌苔，说明患有热性病和胃肠病；舌苔黄而且厚，说明病情较重或病的时间较长；舌苔较薄而且发白，则说明牛病情较轻或者得病时间较短。

21. 如何给牛作直肠检查？

直肠检查是作为一种常用方法，是主要用来检查和治疗腹腔和盆腔器官疾病的诊断方法。

（1）术者首先做好准备工作，剪短手指甲，然后涂抹石蜡油。

（2）将牛保定确实，必要时将牛两后肢也保定，术者站在牛正后

方，将尾巴固定确实。五指并拢呈圆锥形，慢慢伸入牛直肠。

首先检查直肠的粪便情况，依粪便的状态稀或干、有或无，由此来诊断牛的初步情况。然后将直肠粪便掏出，手再向里伸入，如果牛努责，则暂停伸入，在盆腔处可触到膀胱和子宫，通过触摸膀胱和子宫的状态，来判断器官的健康状况。手继续向前，进入腹腔，在左前方可摸到瘤胃，根据瘤胃的充实情况，来判断瘤胃积食、空虚或臌气，以及位置是否发生改变，由此可判断其他脏器的情况。注意在检查时一定要缓慢、柔和，不要粗暴以免将牛直肠损伤。

22. 怎样检查牛的呼吸数？

在牛安静状态下检查呼吸数。一般站在牛胸部的前侧方或腹部的后侧方观察，胸腹部的一起一伏是一次呼吸。计算1分钟的呼吸次数，健康犊牛为每分钟20～50次，成年牛每分钟为15～35次。在炎热季节、外界温度过高、日光直射、圈舍通风不良时，牛的呼吸数增多。

23. 怎样检查牛的呼吸方式？

健康牛的呼吸方式呈胸腹式，即呼吸时胸壁和腹壁的运动强度基本相等。检查牛的呼吸方式，应注意牛的胸部和腹部起伏动作的协调和强度。如出现胸式呼吸，即胸壁的起伏动作特别明显，多见于急性瘤胃臌气、急性创伤性心包炎、急性腹膜炎、腹腔大量积液等。如出现腹式呼吸，即腹壁的起伏动作特别明显，常提示病变在胸壁，多见于急性胸膜炎、胸膜肺炎、胸腔大量积液、心包炎及肋骨骨折、慢性肺气肿等。

24. 如何检查牛的脉搏数？

在安静状态下检查牛的脉搏数。通常是触摸牛的尾中动脉。检查人站立在牛的正后方，左手将牛的毛根略微抬起，用右手的食指和中指压在尾腹面的尾中动脉上进行计数。计算1分钟的脉搏数。

25. 怎样看牛的鼻液是否正常？

健康牛有少量的鼻液，并常用舌头舔掉。如见较多鼻液流出，则可能为病态。通常可见黏液性鼻液、脓性鼻液、腐败性鼻液、鼻液中混有鲜血、鼻液呈粉红色、铁锈色鼻液。鼻液仅从一侧鼻孔流出，见于单侧的鼻炎、副鼻窦炎。

26. 发现病牛时应采取哪些措施？

（1）迅速隔离病牛 隔离期间继续观察诊断，必要时给予对症治疗。对隔离的病牛应设专人饲养管理。

（2）及时报告疫情 发现疫情应该上报，疫情为传染病时，应及时向上级业务部门报告疫情，要详细汇报病畜种类、发病时间地点、发病头数、死亡头数、临床症状、剖检病变、初诊病名及已经采取的防制措施。必要时应通报邻近地区，以便共同防制，防止疫病扩散。

（3）全面彻底消毒 对病牛所在的牛舍及活动过的场所、接触过的用具进行严格消毒，病牛污染的饲草、饲料要进行销毁，病牛排出的粪便应集中到指定地点堆积发酵和消毒。

（4）逐头临床检查 对同牛舍或同群的其他牛，要逐头多次进行详细临床检查，必要时进行血清学诊断，以便尽早发现病牛。

（5）紧急预防接种 对多次检查无临床症状或血清学诊断为阴性的假性健康牛进行紧急预防接种，以防止疫病扩散。

（6）酌情实行封锁 发生危害严重的传染病时，应报请政府有关部门划定疫区、疫点，实行封锁，封锁行动要果断迅速，措施要严密，但范围不宜过大。

（7）妥善处理病畜 对死亡病畜的尸体要按防疫法规定进行无害化处理或销毁，对严重病畜及无治疗价值的病畜应及时进行淘汰处理，以便尽早消灭传染源。

27. 如何护理病牛？

牛患病期间应加强护理，俗话说得好，“三分治疗，七分护理”，可见护理工作对病牛康复的重要性。护理病牛的要点如下。

（1）改善饲养 病牛一般消化机能下降，为了能使病牛早日康复，饲喂的饲料要易于消化且富含营养，适口性要好，多给予鲜嫩的青绿饲料和优质干草，还应给予足够的清洁饮水。饲喂上要做到少喂勤添，酌增饲喂次数。

（2）加强管理 保持清洁卫生十分重要，因患病后牛只的抵抗力更弱，为了防止感染新的疾病，饲养场地应增加消毒次数。如有肢蹄疾病或起卧艰难的牛，最好能饲养在泥土地上，多垫褥草，防止滑跌。每天协助翻身，防止发生褥疮。

（3）优化大环境 饲养乳牛最适宜的温度为5～25℃，过高或过低牛均会产生应激反应。因此，病后乳牛的生活环境更应做到夏天防暑、冬天保暖。当环境过热时，可用风扇、冷水喷雾、冰块降温；过冷时应关好门窗，防止大风直吹或在牛背上加盖保暖物。

病牛要有安静的环境，诊断与治疗应尽可能集中进行，避免不断受到人为干扰影响乳牛的休息。夏秋季节，还应加强对蚊、蝇的杀灭，尽量避免昆虫对病牛的侵袭。

28. 怎样给牛投药？

对用量不大，无特殊气味的药物，可直接混入饲料、饮水中服用。药物的剂型不同，其投药方法也不同。

（1）丸剂投服 小丸型用投药枪或裹在草团中投服，大丸剂可用手投入。方法是投药人用左手从牛口角伸入打开口腔，拉出舌头，右手持药丸塞入牛舌根后方，左手松开后，牛便可自然咽下药丸。

（2）舔剂投服 将药加适量面粉调成糊状，打开牛口腔用木片将糊状药物涂在舌根背部，使牛咽下。

（3）水剂投服 抬高牛头部，左手打开口腔、右手持灌药器具，从牛口角向臼齿间送入到舌后部，倾出药液后迅速取出灌药器，让牛吞咽。

29. 注射前应如何准备，有哪些注意事项？

（1）注射部位准备 局部剪毛，用碘酊消毒后，以75%的酒精脱碘。

（2）器械和药品的准备 注射器必须筒、塞配套，吻合良好，清洁畅通，并要严格消毒。对注射药液要仔细查看药品名称、用途、剂量、性状以及是否过期等；如同时注入2种以上药品时，应注意有无配伍禁忌。静脉注射大量药液时，药液应加温至接近体温。注射前要排净输液管或注射器内的气泡。

（3）静脉注射时要防止药液漏于血管外 对于有强烈刺激性的药液外漏，应立即采取措施清除漏出的药液，如用注射器从外漏部位将药液抽回一部分，也可用5%硫酸镁溶液热敷，以加速漏出液的吸收消散，如果大量药液外漏，应尽早切开肿胀部位并用高渗液冲洗或引流。

30. 牛有哪几种常见的注射方法？

注射是治疗疾病的基本方法之一，常用的有肌内注射、静脉注射、皮下注射、皮内注射等。

（1）肌内注射 是治疗疾病最常用的方法之一，其方法是将药物用注射器注射在牛肌肉内。注射部位选择在肌肉丰满、神经、血管少的部位，牛常用的部位是颈部。刺激性较强以及比较难吸收的药液，适用于肌肉深部注射。肌内注射的部位大多在臀部和颈部的两侧。肌内注射的方法是：先把针头垂直刺进肌肉内适当的深度，再接上注射器。针头一般刺入肌肉3～5厘米。以免针头折断难以拔出。水合氯醛、氯化钙和水杨酸钠等强刺激性的药物，不适宜肌内注射。

（2）静脉注射 俗称吊水，是将药物直接注射到静脉血管内，牛用的部位是耳静脉和颈静脉。进行静脉内注射前，要先排净注射器中

的空气。用左手按压注射部位的下面，使血管怒张。右手将针头在按压点上方约 2 厘米的地方，呈 45°角刺入静脉内，见回血后把针头顺血管进针 1～2 厘米，然后接上针筒，用手扶持或用夹子把胶管固定在颈部，慢慢推进药液。采用这种方法，病牛要确实保定。注入大量药液时，速度要慢，以每分钟 30～60 毫升为宜。药液要加温到接近体温。油类制剂不能在血管内注射。注射刺激性强的药液时绝对不能漏到血管外。

(3) 皮下注射　常用于需迅速达到药效或不宜口服给药时局部供药，对没有强刺激性而且容易溶解的药物、疫苗或者血清，常常采取皮下注射法。牛皮下注射的部位是颈部的两侧或者肩胛后方的胸侧、皮肤容易移动的部位。注射方法是：一手捏起牛皮肤做成皱褶，另一只手把注射器的针头从皮肤皱褶处的三角形凹窝刺入皮下 2～3 厘米。针头是刺进皮下还是刺入肌肉中的检验方法是；刺入皮下时，针头可自由活动；如果刺进了肌肉内，针头则不能左右摆动。皮下注射药量大时，可采取多点注射。

(4) 皮内注射　该方法用于结核菌素变态反应试验等。注射部位：在牛肩胛部或颈侧中部 1/3 处。注射方法：注射部剃毛，用 75％酒精消毒后，左手食指和拇指绷紧注射部皮肤，右手持注射器将注射针头刺入牛真皮内，推动针栓，注入药液，使局部呈现圆形隆起，拔出针头。此时切忌按压注射部位。

(5) 瓣胃注射　此种注射的目的是治疗牛瓣胃阻塞，常用药物为硫酸镁和硫酸钠。注射部位为牛右侧第 8～9 肋间的肩关节水平线上下各 2 厘米处。用长约 15 厘米的 18 号针头在上述部位刺入，然后注入生理盐水 10～15 毫升，并倒抽所注液体 5 毫升左右，证明针头确实注入瓣胃内（液体中有混浊的食物沉渣）时，将稀释的硫酸镁或硫酸钠分点注入其中。

(6) 瘤胃穿刺术　主要用于瘤胃急性臌气时的放气。通常穿刺的部位是牛左肷部臌气最高处。将欲进针处消毒，稍向上推动皮肤。右手持穿刺针、套管针或 16 号注射针头，刺向牛体内侧即可放气。放气时切勿太快。如针被阻塞，可用针芯或消毒后的细铁丝透通。

31. 怎样给牛灌肠？

给病牛排除直肠内的积粪、肠便秘或者直肠内给药或降温等，可采取灌肠法。

根据橡皮管插到肠内的深浅，灌肠又分为浅部灌肠和深部灌肠两种。如果要排除直肠内的积粪，可采取浅部灌肠。如果要治疗肠便秘、直肠内给药或者给病牛降温等，就要采取深部灌肠了。

灌肠要准备灌肠器、橡皮管及唧筒。灌肠时，要先在橡皮管上涂石蜡油或者肥皂水，橡皮管插进病牛的肛门以后，再逐渐向直肠内慢慢插。要抬高灌肠器，让液体流入牛直肠内。如流得慢，要抽动一下橡皮管。灌入一定数量的液体后，病牛会出现努责现象。这个时候，要用手握紧或捏住病牛的肛门，或者用手指压迫牛尾根部。同时，还要捏压病牛的背部和腰部，来缓解努责，以使直肠内充满液体。接着，再让输进的液体和粪便一起排出。这样多灌几次液体，直到直肠内的积粪排净为止。

深度灌肠使用的橡皮管要软些，插入直肠后，边灌液体边往肠里插。如换上唧筒，液体流进的速度就更快。但橡皮管插入越深，液体流进的速度越要慢下来，否则部分肠道会膨胀得厉害，严重的可造成肠破裂，特别是有炎症或者坏死的肠段，更易发生这一现象。

32. 奶牛传染病的治疗原则有哪些？

（1）针对病原体的疗法

①特异性疗法：指只对某些特定的传染病有疗效，而对其他病无效，主要包括：

A. 高免血清，主要用于某些急性传染病的治疗；一般在诊断确实的基础上，在病的早期注射足够剂量的高效免疫血清，常能取得良好的疗效。

B. 病愈动物血清，使用时，如为异种动物血清，注意防止过敏反应（除非不得已，不提倡使用）。

②抗生素疗法：抗生素为细菌性急性传染病的主要治疗药物，合理应用抗生素是发挥抗生素疗效的重要前提。不合理地应用或滥用抗生素，往往可能使敏感病原体对药物产生抗药性，也可能造成机体产生不良反应，甚至中毒。使用时应注意以下几点：

A. 针对性强，合理应用，最好在以分离的病原进行药敏试验的基础上，选择对该病原敏感的药物用于治疗。

B. 要考虑到用量、疗程、给药途径、不良反应、经济价值等问题。

C. 抗生素首次剂量宜大，以便集中优势药力给病原体以决定性打击。一般急性感染的疗程可于感染控制后 3 天左右停药，疗程不必过长。

D. 抗生素应交替使用，每种药物使用 3 天。

③化学疗法：针对细菌的药物，如磺胺类、抗菌增效剂、喹诺酮类等；针对病毒的药物，近几年有所发展，但药物仍很少，毒性较大。

注意：应重视药物残留，用药期间及用药休药期内的牛奶不得供人饮用。

（2）针对动物机体的疗法　目的是帮助病牛增强抵抗力和调整、恢复生理机能，促使牛战胜疫病、恢复健康。

①加强管理：如冬季防寒保温，夏季防暑降温；保持牛舍光线充足、通风良好等。

②对症疗法：如退热、止痛、止血、止泻、强心、利尿等。

③针对群体的治疗：除药物治疗外，还应紧急接种疫苗、注射血清等。

第二章　牛的常见传染病

33. 疯牛病有何临床表现，如何预防？

疯牛病（mad cow disease）学名为牛海绵状脑病（Bovine Spongiform Encephalopathy，BSE），是一种发生在牛的进行性中枢神经系统病变，症状与羊瘙痒症类似，俗称疯牛病。病牛脑组织呈海绵状病变，并出现步态不稳、平衡失调、瘙痒、烦躁不安等症状，通常在14～90天内死亡。由于种类的不同，疯牛病的潜伏期长短不一，一般在2～30年。

【流行特点】本病主要通过被污染的饲料经口传染。英国疯牛病的发生，认为是在1981—1982年间在饲料中添加羊的肉骨等副产品作为蛋白质来源引起的。一般认为病牛约在出生后的前6个月间被感染，但也不能排除垂直感染的可能性。由于本病潜伏期较长，被感染的牛到2岁才开始有少数发病，3岁时发病明显增加，4岁和5岁达到高峰，6～7岁发病开始明显减少，到9岁以后发病率维持在低水平。本病的流行没有明显的季节性。

【临床症状】病牛临床大多数表现出中枢神经系统的变化，行为异常，惊恐不安，神经质；姿态和运动异常，四肢伸展过度，后肢运动失调、震颤和跌倒、麻痹、轻瘫；感觉异常，对外界的声音和触摸过敏，擦痒。

【诊断】本病原不能刺激牛产生免疫反应，故不能用血清学试验来辅助诊断已感染活牛，生化和血清学数值无异常变化，剖检病变不典型。确诊需依靠临床症状和病死牛脑组织检查。脑组织切片检查时，对诊断有意义的部位是延髓闩部，即第四脑室尾部中央管起始处。此处可见到孤束核和三叉神经脊束核，99.6%的病例可在这两个核区发现空泡变性，神经纤维网呈海绵样病变。

【防制】本病目前无特效治疗方法。为控制本病，在英国规定对

患牛一律采取扑杀和销毁措施；禁止在饲料中添加反刍动物蛋白；严禁病牛屠宰后供食用。我国也已采取了积极的防范措施，以防止该病传入我国。对杀灭该病病原比较有效的消毒剂有苛性钠和次氯酸钠。

34. 牛炭疽有何临床特征？如何预防？

炭疽是由炭疽杆菌引起牛的传染病，常呈败血性经过。本病的传染源是病畜和其他带菌动物，属人畜共患病。细菌在不良条件下可形成芽孢，在土壤、牧场中的芽孢可存活50年以上。因此，被病原污染的土壤、牧场可成为永久性疫源地。夏季雨水多时，将病尸遗骸冲出，引起本病在一定范围内散发或流行。牛炭疽主要经消化道感染，吸血昆虫叮咬也可播散，动物产品如羊毛、皮张上的炭疽芽孢飘浮在空气中，也可引起吸入性感染。

【症状】潜伏期1～5天。根据病程，可分为最急性型、急性型、亚急性型。

(1) 最急性型　病牛突然昏迷、倒地，呼吸困难，黏膜青紫色，天然孔出血。病程为数分钟至几小时。

(2) 急性型　体温达42℃，少食，呼吸加快，反刍停止，产奶减少，孕牛可流产。病情严重时，病牛惊恐、哞叫，后变得沉郁，呼吸困难，肌肉震颤，步态不稳，黏膜青紫。初便秘，后可腹泻、便血，有血尿。天然孔出血，抽搐痉挛。病程一般1～2天。

(3) 亚急性型　在皮肤、直肠或口腔黏膜出现局部的炎性水肿，初期硬，有热痛，后变冷而无痛。病程为数天至1周以上。

【预防】经常发生炭疽的地区，应进行预防注射。未发生过本病的地区在引进牛时要严格检疫，不要买进病牛。病牛尸体要焚烧、深埋，严禁食用；对病牛污染环境可用20%漂白粉彻底消毒。疫区应封锁，最后一头患病动物完全消灭后14天才能解除封锁。

35. 口蹄疫有何临床特征？如何预防？

口蹄疫是一种急性、热性、高度接触性传染病，以黄牛和牦牛最易感，犏牛和水牛次之。犊牛比成年牛更易感，病死率也很高。临床特征为体温升高，口腔黏膜、鼻、蹄部及乳房的皮肤发生水疱和烂斑，心肌与骨骼肌变性。本病传染性极强，许多国家与地区都有流行，造成的经济损失很大。

【症状】 潜伏期2～7天，最长14天左右，病牛以口腔黏膜水疱为主要特征。病初，牛体温升高至40～41℃，精神委顿，食欲减少或废食，反刍停止，闭口流涎。1～2天后，唇内面、齿龈、舌面和颊黏膜发生水疱，不久水疱破溃，形成边缘不整的红色烂斑。稍后，趾间及蹄冠皮肤表现热、肿、痛，继而发生水疱、烂斑，病牛跛行。水疱破裂，体温下降，全身症状好转。如果蹄病继发细菌感染，局部化脓坏死，则病程延长，甚至蹄匣脱落。病牛乳房乳头皮肤有时出现水疱、烂斑。哺乳犊牛患病时，水疱症状不明显，常呈急性胃肠炎和心肌炎症状而突然死亡。幼畜死亡率20%～50%，成年家畜死亡率不高，一般不超过5%，但发病后严重掉膘，产奶量下降，役畜不能使役。

【诊断】 根据流行病学特点和临床症状不难作出诊断。但应与牛黏膜病、牛恶性卡他热、牛水疱性口炎相鉴别。

（1）牛黏膜病 口黏膜与患口蹄疫相似，糜烂，但无明显的水疱过程，糜烂病灶小而浅表，以腹泻为主要症状。

（2）牛恶性卡他热 除口腔黏膜有糜烂外，鼻黏膜和鼻镜也有坏死过程，还有角膜混浊和全眼球炎，全身症状严重，死亡率高。其发生常与羊的接触有关，呈散发。

（3）水疱性口炎 口腔病变与口蹄疫相似，但较少侵害蹄和乳房皮肤。发病率和死亡率很低。

确诊需做实验室检查，如补体结合试验、病毒中和试验、放射免疫及核酸探针技术等。

该病是影响养牛业的最重要的传染病之一，我国将其列为一类动物传染病。一旦发现疫情，要立即上报。确定诊断后，要划定疫点、疫区，并实行封锁。要严格封死疫点，坚决扑杀病牛和同群牛，并对尸体及其污染物进行焚烧、深埋等无害化处理。对病牛污染的场所进行彻底消毒。要禁止疫区的牛、羊、猪等易感动物、有关畜产品和饲

料外调，非疫区的家畜严禁进入疫区。对出入疫区的交通工具和人员必须全面消毒。在扑杀病牛后观察 3 个月，确实无新病例发生时，可由政府宣布解除封锁。表明该次疫情已被扑灭。

【预防】 该病主要是做好预防注射工作，每年要按国家制定的口蹄疫免疫计划进行预防注射，口蹄疫疫苗免疫期一般为半年，故每隔半年应进行一次口蹄疫免疫注射。其次，要坚持自繁自养，必须从外地购入优良品种时，一定要请动物检疫部门帮助做好检疫工作，坚决不能从疫区购入病牛，因牛的带毒时间较长，一旦引入该病，则贻害无穷。

36. 如何诊断和预防牛病毒性腹泻——黏膜病？

牛病毒性腹泻——黏膜病简称牛病毒性腹泻或称牛黏膜病，是牛的一种重要的传染病。以发热、白细胞减少、口腔及消化道黏膜糜烂、坏死和腹泻为特征，但大多数牛是隐性感染。本病呈世界分布，1980 年以来，我国从美国、丹麦、德国、新西兰等十多个国家引进种牛，均分离鉴定出了该病的病毒。

【症状】 潜伏期 7～14 天，临床上分急性和慢性两型。

（1）急性型　常见于幼犊，死亡率很高，病犊发病初期表现为上呼吸道症状，体温升高（40～42℃），双相热。流鼻液、咳嗽、呼吸急促、流泪、流涎、精神委顿等，白细胞减少。以后口腔黏膜发生糜烂或溃疡。多有腹泻症状，稀粪呈水样，初期淡黄色，后期常伴有肠黏膜和血液，粪恶臭。病犊食欲减少，消瘦，精神倦怠。有的不出现腹泻而突然死亡。乳牛泌乳减少或停止，孕牛可发生流产或产下先天性缺陷的犊牛，如小脑发育不全，共济失调。有的发生趾间皮肤溃烂、蹄冠炎、蹄叶炎和角膜水肿。重症病牛 5～7 天内因急性脱水和衰竭死亡。病理剖检变化表现口腔、食道、胃肠黏膜出血、水肿和糜烂。其中以食道中成纵行的小糜烂最具特征。肺部多有大片的出血病灶，肾脏包膜下、肾皮质多有出血斑变化。

（2）慢性型　多由急性型转来，很少有明显的炎症症状。口腔黏膜很少发生坏死和溃疡，但齿龈通常发红。间歇性腹泻，流鼻液，鼻镜干燥，后变成鼻镜糜烂，可连成一片。眼睛流泪或流黏糊透明分泌物，有的角膜混浊，有的表现青光眼，有的发生慢性蹄叶炎和严重的趾间坏死，病牛跛行。有的还表现局限性脱毛和表皮角化，病牛发育不良，衰竭死亡。

【诊断】根据临床症状进行诊断，必要时做病毒分离鉴定及血清学检查。应注意与牛口蹄疫、恶性卡他热鉴别。病毒分离应于病牛急性发热期间采取血液、尿、鼻液或眼分泌物；剖检时采取脾脏、骨髓、肠系膜淋巴结等病料，人工感染易感牛犊或乳兔来分离病毒。血清学试验方法为血清中和试验、免疫荧光试验等。

【防制】

（1）治疗 止泻，防止脱水和电解质紊乱并防止细菌继发感染。可用下列处方治疗：含糖盐水 1 000～2 000 毫升，海达注射液 8～18 毫升，维生素 C 2～4 克，5%碳酸氢钠 200～400 毫升，混合静脉注射，每天 1 次，连用 3～4 天，还可应用板蓝根、大青叶等抗病毒药肌内注射。

（2）预防 加强免疫，可用黏膜病弱毒疫苗或猪瘟弱毒疫苗进行免疫。对发病牛进行隔离或急宰，严格消毒，限制牛群活动，防止扩大传染。

37. 如何诊断和防制牛水疱性口炎？

水疱性口炎是由病毒引起人畜共患的一种急性、热性、水疱性传染病，主要发生于牛、马和猪，以口腔黏膜发生水疱，流泡沫样口涎，偶见侵害蹄部或乳房皮肤为特征。一般呈良性经过。牛、猪发生本病时，在临床上与口蹄疫几乎没有区别。

【临床症状】自然病例潜伏期 3～7 天。牛病初体温升高至 40～41℃，精神沉郁，食欲减退，反刍减少，大量饮水，口唇黏膜及鼻镜干燥，耳根发热，当舌、唇黏膜上突然出现水疱时体温降至常温。水疱可由豆粒大到核桃大，内含黄色透明液体，1～2 天水疱破溃，露出红色烂斑或大片溃烂面。有时出现舌上皮大面积脱落，病牛流大量白色泡沫口涎，不愿采食或采食困难，但想喝水，几天后就恢复正常

采食，不过口腔病变要十多天才能完全愈合，偶见个别病牛乳房或乳头或蹄部皮肤发生水疱，并可造成上皮剥脱，病程1～2周，但极少引起死亡。本病存在“逆年龄感受性”，成年牛的感染性高于1岁以内的犊牛，后者极少发生临床感染。水疱性口炎因降低乳牛体重，影响产乳量而造成经济损失。

【诊断】根据本病流行有明显的季节性及典型的水疱样病变，以及流涎的特征症状，结合本病极少侵害蹄和乳房，传染性弱，发病率低，可以作出诊断。本病主要应与口蹄疫区别，具体见口蹄疫。

【防制】本病呈良性经过，一般不需治疗，主要是隔离病牛，加强护理，防止并发感染和散播病原。被病牛污染过的用具和环境必须彻底消毒，疫区进行必要的封锁。必要时，可采取当地病畜的舌黏膜、组织器官和血毒制成结晶紫甘油或鸡胚结晶紫甘油疫苗，给受威胁的牛只接种。康复动物的血清具有高效价的中和抗体和补体结合抗体，对同型病毒以后再感染具有坚强的免疫力。

38. 如何诊断和防制牛破伤风？

破伤风是由破伤风梭菌侵入伤口、生长繁殖、产生毒素引起的一种急性特异性感染，该菌为厌氧菌，革兰氏阳性，能形成芽孢。在污染的土壤和某些动物的肠道中广泛存在。细菌增殖生长后最终形成芽孢。芽孢位于杆状菌体的末端，在显微镜下形似“羽毛球拍状”或“鼓槌状”。在土壤中芽孢存活数年不易被破坏。

破伤风梭菌芽孢一旦进入组织，在坏死组织、厌氧环境及其他适合生长条件下便转变为增殖细菌。与破伤风有关的最常见的感染部位是新生犊牛的脐带感染、去角伤、阉割伤、橡皮带去势伤、鼻环伤、橡皮带断尾、蹄底脓肿、耳号伤、慢性窦感染和身体任何部位深的坏死伤、难产继发的外阴或阴道的坏死性损伤及新近产犊母牛严重的子宫炎。

【症状】临床症状轻微或严重并迅速发展，这种病例预后谨慎。步态僵硬是破伤风病牛的典型症状，由于患肢大部分肌肉强直僵硬，呈现典型的木马姿势。臌气、耳向后、眼睁大、头伸直、鼻孔开张等忧虑表情在牛也很典型。放下时尾巴不是下降至肛门而是依然高举，这些应视为破伤风的可疑症状。当咀嚼肌受影响时则出现“牙关紧闭”。

因为咀嚼功能丧失引起搐搦的患牛常不能采食。患牛还常常失去饮水能力，至少是暂时性的，因此可造成进行性脱水，大部分病牛瞬膜脱出，瞬膜的被动脱出是由于眼收缩肌强直造成。因视觉、听觉、触觉刺激引起的强直能使瞬膜脱出和其他临床症状加重。

破伤风后期病畜的临床症状非常典型，而症状轻微的病例则需仔细观察。在许多情况下，可能作出错误的诊断，常见的是把胃肠道臌气错误地诊断为创伤性网胃腹膜炎或消化不良。

根据临床症状的严重程度和感染部位治疗的可能性，患牛可能有不同的预后。重症病牛或症状发展快速的牛不能站立，不断试图起立，最终因活动时呼吸肌搐搦而死于呼吸衰竭。患畜一旦单侧躺卧，就可能“自我毁灭”，因为试图举起颈部和弯曲肢时强直加剧，形成侧卧，伸肌强直、疼痛、惊慌和挣扎的恶性循环。

大多数死于破伤风的患畜都是因为呼吸衰竭和臌气导致死亡。肌肉骨骼的损伤、股骨骨折和髋关节脱位也是引起破伤风患畜死亡的另一类常见的原因。养在光滑地面上的病牛较易发生肌肉骨骼损伤、站立困难和呼吸衰竭。

【诊断】通常根据病畜的临床症状做出诊断。患畜死亡后有关症状消失，因此，要证实生前患破伤风时要排除其他疾病，找到破伤风梭菌的生长部位，并通过培养和革兰氏染色证明该菌。同样，若找到破伤风病畜的感染部位，应在显微镜下检查该部的脓液或坏死组织，或培养确定破伤风梭菌。但是对有明显临床症状的患畜即使未找到破伤风梭菌，也绝不能排除是破伤风。

【治疗】破伤风可能引起多种并发症。

首先应查找破伤风患畜的感染部位，若伤口或感染部位能确定，应清洗患部、清创、引流，继而给患畜镇静和止痛。创口应尽可能暴露在空气中以减少细菌在厌氧环境中的进一步生长和产生毒素。对创口进行3～4次这样的处理。破伤风抗毒素不能抵消已经与受体结合的毒素，但能与循环的或尚未固定的毒素结合。对犊牛

和有价值的奶牛，通过静脉导管输入青霉素钾，可以减轻患畜的不适。

应尽量减少患畜在破伤风发作时的强直、兴奋抽搐和疼痛。因此，应在患畜的外耳道放入棉花降低声音刺激，患畜应放在光线较暗的厩舍中，并尽可能保持安静，厩舍地面和垫草应防滑。镇定药对患畜有用。可用乙酰丙嗪注射。多数成年畜需 20～40 毫克，2～4 次/天。可通过留置导管静脉注射，也可肌内注射。镇静药可帮助动物保持安静，使用这种药物多数牛能从躺卧部位起立。挤奶机应放在奶牛近旁，或者用人工方法挤奶。

破伤风患畜发生臌气时应插上瘤胃瘘管以排出多余的气体。胃管插入和其他治疗都能引起患畜惊慌，因此，最好将病畜镇静，使用镇静药。安装瘘管排气，方法是：左侧肷窝剪毛消毒后，局部浸润麻醉，以外科手术造一直径 2.5～5.0 厘米的瘤胃瘘，瘘管可使气体自动排出，直至患畜恢复嗳气功能，当患畜不能采食和饮水时，可经瘘管给患畜瘤胃放水和苜蓿颗粒料。

大多数破伤风病畜自诊断之后的 14 天内应视为危重病畜。轻型病例 1 周内可能治愈，但这不常见。多数病畜尽管做治疗处理，病情仍进一步恶化、躺卧或发生其他并发症，最后死亡。

在治疗后 24～48 小时病情稳定的病畜有治愈的可能，但许多病畜稳定后却发生不可预见的并发症导致死亡，重新获得饮水能力是病畜情况好转的一个指征：原先不能饮水的牛通常在治疗 3～5 天后出现饮欲，此时采取必要的措施避免各种可能出现的并发症，这样患畜耐过 14 天一般可以康复。

【预防】有患病危险或在破伤风高发的某些地区的牛应做破伤风类毒素免疫接种，第 1 年应注射 2 次，间隔 24 周，此后每年 1 次。使动物得到进一步的保护。

39. 如何诊断和防制牛流行性感冒?

牛流感是由病毒引起的一种常见的急性、热性传染病，多发于早春和深秋季节。由于气候寒冷，多变，保温效果不好，如果不注意对牛只的保健护理，一旦冷风侵袭，部分牛易患感冒，很快在牛群中相互感染，造成暴发和流行。

（1）预防 如果流感牛出现高热，咳嗽，流鼻涕，寒颤，发抖，呼吸加快等病症，须尽早隔离，抓紧治疗，用药愈早效果愈好。在牛感冒流行期间，要加大消毒力度，定期用能杀灭病菌和病毒的氯制剂、百毒杀等新型药物消毒。牛舍要注意保温，防止肉牛受贼风侵袭，禁止与发病牛接触；牛床勤铺勤换垫土，牛舍要保持卫生、干燥、通风良好；注意让牛休息，保持安静勿惊扰。

在流行的地区，对未发病的牛，可用中药贯众400克，煎汤喂服，每天1次，连用3天；或用贯众、荆芥、紫苏各45克，甘草30克，煎汤灌服，每天1剂，连用3天，进行预防，对牛流感有一定的预防效果。在感冒流行季节前，有条件的地方，如能用当地牛流感分离株血清的毒株制成灭活油苗，给牛接种，以获得预防牛流感的免疫保护，也是行之有效的方法。

（2）治疗 主要是对症处置。

40. 如何诊断和防制牛恶性水肿？

牛恶性水肿是由腐败梭菌为主的多种梭菌引起，经创伤感染，以局部发生炎性水肿并伴有产酸产气为特征。

【症状】病牛在发病初期食欲减退，体温升高，伤口周围出现肿胀，并迅速蔓延。肿胀部初期表现坚实、疼痛，后变为无热、无痛，触之柔软，有轻度捻发音。切开肿胀部皮下及肌肉间的结缔组织中有酸臭的、含有气泡的淡黄液体浸润。肌肉松软似煮肉样，病变严重者呈暗红或暗褐色。

【诊断】根据临床特点和病变特征，结合外伤的情况可对本病做出初步诊断，确诊有赖于细菌分离鉴定。此外，还可用免疫荧光抗体对本病做快速诊断。本病应注意与气肿疽相区别。

【预防】预防本病可用中国兽药监察所研制的多联疫苗及其粉末疫苗，也可用多价抗血清做预防注射，尤其对家畜施行大手术前做预防免疫效果良好。平时应注意防止外伤及创伤的合理治疗，在进

行采血、注射、去势、断尾和剪毛时做好无菌操作。

【治疗】 治疗应从早从速，以局部治疗和全身治疗相结合。全身治疗在早期采用抗生素（青霉素、链霉素）或磺胺类药物，效果较好。局部治疗应尽早切开肿胀部，扩创清除病变组织和产物，用0.1%高锰酸钾或3%过氧化氢溶液冲洗，之后撒青霉素粉末，施以开放疗法。对症治疗可依据病畜情况进行补液、注射强心剂、解毒等。

41. 牛狂犬病的症状和防制措施有哪些？

狂犬病俗称疯狗病，又名恐水病，是由狂犬病病毒引起的多种动物共患的急性接触性传染病。本病以神经调节障碍、反射兴奋性增高、发病动物表现狂躁不安、意识紊乱为特征，最终发生麻痹而死亡。

【症状】 潜伏期30～90天。病牛病初精神沉郁，反刍减少、食欲降低，不久表现起卧不安，前肢搔地，出现兴奋性和攻击性动作，试图挣脱绳索，冲撞墙壁，跃踏饲槽，磨牙流涎，性欲亢进。一般少有攻击人畜现象。病牛兴奋发作后，往往有短暂停歇，稍后再次发作，逐渐出现麻痹症状，表现为吞咽困难、伸颈、臌气、里急后重等，最终卧地不起，衰竭而死。

【防制】

（1）捕杀野犬和病犬，加强犬类管理，养犬须登记注册，并进行免疫接种。

（2）疫区和受威胁区的牛只以及其他动物用狂犬病弱毒疫苗进行免疫接种。

（3）加强口岸检疫，检出阳性动物就地捕杀销毁。进口犬类必须有狂犬病的免疫证书。

（4）当人和家畜被患有狂犬病的动物或可疑动物咬伤时，应迅速用清水或肥皂水冲洗伤口，再用0.1%升汞溶液、碘酒、酒精溶液等作消毒防腐剂处理，并用狂犬病疫苗进行紧急免疫接种。有条件时可用狂犬病免疫血清进行预防注射。

42. 如何诊断和防制牛蓝舌病?

牛蓝舌病又名茨城病，是由茨城病病毒引起的一种急性热性传染病。临床上表现为突发高热、咽喉麻痹、关节疼痛等症状。

【症状】人工感染潜伏期3～5天。病牛突发高热，体温升高达40℃以上，持续2～3天，少数可维持7～10天。精神沉郁、厌食、流泪、反刍停止、流泡沫样口涎。结膜充血、水肿。白细胞数减少。病情多轻微，2～3天可完全恢复。病牛腿部常发生疼痛性的关节肿胀。部分病牛在口腔黏膜、鼻腔黏膜、鼻镜及口唇等部位发生糜烂或溃疡。20%～30%的病牛表现为呕吐、咽喉麻痹、吞咽困难。由于饮水逆出而呈明显的缺水。偶尔发生吸入性肺炎而引起死亡。蹄冠部、乳房、外阴部可见浅的溃疡。

【诊断】本病要根据流行病学、临床症状及实验室诊断才能确诊。

【防制】发生本病后首先要隔离病牛，使病牛安静，给予优质干草或青草，控制精料。另外在这个时期要考虑到可能会出现“麻痹”，要采取多给饮水的措施。万一出现了“麻痹症状，为了避免危险性极大的“误咽性肺炎”，要通过注射或输液给牛大量补充液体。

治疗过程中，在前驱症状阶段要尽量使牛保持安静，给予强心和补液。对出现麻痹症状的病牛，特别重要的是补液，强心，补给营养。为达到补液的目的可静脉注射林格氏液，但应避免注射速度过快，以免增加心脏负担。要想安全而又快速地进行大量的补液，进行腹腔注射较为方便。即在右侧肷部中央刺入较粗的注射针头，然后连接注射器，如果空气出入很容易，说明针头正确刺入了腹腔，随后将针头与复方氯化钠液瓶上的静脉导管连接进行输液。

已经出现咽喉头麻痹时间较长的病牛不但体液缺乏而且瘤胃及消化道内的水分也缺乏，为了使消化道恢复正常，必须补给水分。在这种情况下为了防止误咽，必须用胃导管向瘤胃内注水，如果用这种方法困难，则要在左侧肷部中心点刺入套管针直接向瘤胃中注水。为了让水分在瘤胃内很好的停留下来，在几分钟内最好把牛头抬高，然后再慢慢放下。

43. 如何诊断和防制牛出血性败血症（巴氏杆菌病）？

牛出血性败血症是由多杀性巴杆菌引起的。病牛和带菌牛是主要传染源，其分泌物和排泄物中含有病菌，可污染饲料、饮水、空气，健康牛经消化道、呼吸道、破损的皮肤感染，吸血昆虫叮咬也可传播该病。健康牛上呼吸道也有巴氏杆菌，当突然受寒冷袭击，或其他因素导致抵抗力降低时，也能发生自体感染。

【症状】潜伏期2～5天，根据临床症状和病型可分为以下2型：

（1）急性败血型　体温突然升高到40～42℃，精神沉郁，食欲废绝，呼吸困难，黏膜发绀，有的鼻流带血泡沫，有的腹泻，粪便带血，发病后24小时内因虚脱而死亡，剖检时往往没有特征性变化，只有黏膜和内脏表面有广泛的点状出血。

（2）肺炎型　此型最常见。病牛呼吸困难，有痛性干咳，鼻流无色泡沫，叩诊胸部有浊音区，听诊有支气管呼吸音和啰音，或胸膜摩擦音，严重时呼吸高度困难，头颈伸直，张口伸舌，颌下喉头及颈下方常出现水肿，不敢卧地，常迅速死于窒息。2岁以下的小牛多伴有带血的剧烈腹泻。主要病变为纤维素性肺炎，胸腔内有大量蛋花样液体；肺与胸膜心包粘连，肺组织肝样变，切面呈红色、灰黄色或灰白色，有散在的小坏死灶。发生腹泻的牛则胃肠黏膜严重出血。

【治疗】高免血清治疗，效果良好。青霉素、链霉素、四环素族抗生素或磺胺类药物均有一定的疗效。如将抗生素和高免血清联用，则疗效更佳。

【预防】加强饲养管理，增强机体抵抗力，避免拥挤和受寒，注意日粮的全价营养，消除发病诱因，圈舍、围栏要定期消毒。流行地区，每年要进行预防注射。

44. 如何诊断和防制牛李氏杆菌病？

李氏杆菌通过消化道、呼吸道及损伤的皮肤等途径感染牛，感染动物的体内、体表及其污染的饲料特别是青贮饲料都可成为传染源。

该菌被牛采食后，从口腔黏膜的创伤侵入，经延髓、脑干部的三叉神经上行至神经纤维内，并在延髓实质形成病灶。所以，坚硬的饲料刺伤口腔黏膜是本菌感染的重要原因。

【症状】 病初患牛突然出现食欲废绝、精神沉郁，呆立，低头垂耳，轻热，流涎，流鼻液，流泪，不随群行动，不听驱使的症状。不久就出现头颈一侧性麻痹和咬肌麻痹，该侧耳下垂、眼半闭，乃至丧失视力，沿头的方向旋转或作圆圈运动，遇障碍物，则以头抵靠不动。颈项强硬，有的呈现角弓反张。由于舌和咽麻痹，水和饲料都不能咽下。有时于口颊一侧积聚多量没嚼烂的草料，可见大量持续性的流涎，出现严重的鼻塞音。最后倒地不起，发出呻吟声，四肢呈游泳样动作，死于昏迷状态。病程短的2～3天，长的1～3周或更长。

犊牛除脑炎症状外，有时呈急性败血症，主要表现为发热、精神沉郁、虚弱、消瘦及下痢等。

【诊断】 病牛如出现特殊神经症状、妊牛流产，血液中单核细胞增多，可疑为本病。但必须通过实验室检验才能确诊。

【防制】 群发的时候，应迅速隔离病牛进行治疗。消毒被污染的场舍、用具，病牛屠宰时应注意消毒和防止病菌散布。同时应查出原因采取防治措施。如果是青贮的原因，应立即停喂青贮，改用其他饲料。

对李氏杆菌大多数抗生素都有很好的效果，抗生素能抑制李氏杆菌的繁殖，所以病初大剂量应用抗生素，可取得满意效果。但表现神经症状的，治疗都难以奏效。

有特效的抗生素是土霉素，发现后应立即静脉注射盐酸土霉素注射液，每千克体重2.5～5.0毫克，每天2次。

45. 如何诊断和防制犊牛副伤寒（沙门氏菌病）?

牛副伤寒又称沙门氏菌病，是由沙门氏菌引起的多种动物发生的一种传染病。病畜和带菌畜是主要传染源，从粪、尿、乳、流产胎儿、胎衣、羊水排出细菌，污染环境。经消化道、交配、子宫内感染，犊牛在出生后30～40天最易感，而成年牛容易在夏季放牧时发病。潜伏期1～3周。

【症状】 犊牛发病，体温升高至40～41℃，食欲不振，经2～3天

出现胃肠炎症状，拉出黄色或灰黄色的稀便，恶臭，带有纤维素，有时混有伪膜，有的可见咳嗽和呼吸困难。一般在出现症状后5～7天内死亡。出生时已经感染的犊牛，常在生后48小时内拒吃奶，喜卧，迅速衰竭，常在4～5天内死亡。成年牛发病，多为散发，发热达40～41℃，精神沉郁，食欲不振，产奶量减少。严重的出现昏迷，食欲废绝，呼吸困难，迅速衰竭。多数牛病后12～24小时，在粪便中出现血块，很快下痢，恶臭，也可见纤维素和伪膜。孕牛可发生流产。病牛常3～5天内死亡。

【治疗】应用土霉素、磺胺类药治疗有效。

【预防】应加强饲养管理，保持良好卫生状况，饲料、饮水要清洁，必要时可用抗生素添加剂。在发病牛群，可给犊牛注射牛副伤寒疫苗。

46. 如何诊断和防制犊牛大肠杆菌病?

犊牛大肠杆菌病又称犊牛白痢。是由一定血清型的大肠杆菌引起的一种急性传染病。大肠杆菌广泛地分布于自然界，动物出生后很短时间即可随乳汁或其他食物进入胃肠道，成为正常菌。当新生犊牛抵抗力降低或发生消化障碍时，均可引起发病。传染途径主要是经消化道感染，子宫内感染和脐带感染也有发生。本病多发生于2周龄以内的新生犊牛。

【诊断】可根据临床症状、流行情况、饲养状况及剖检变化等综合分析判定。临床表现可分为3种类型。

(1) 败血型　也称脓毒型。潜伏期很短，仅数小时。主要发生于产后3天内的犊牛；大肠杆菌经消化道进入血液，引起急性败血症。发病急，病程短。患畜表现体温升高，精神不振，不吃奶，多数有腹泻，粪似蛋白汤样，淡灰白色。四肢无力，卧地不起。多发生于吃不到初乳的犊牛。败血型发展很快，常于病后1天内死亡。

(2) 中毒型　也称肠毒血型，此型比较少见。主要是由于大肠杆菌在小肠内大量繁殖，产生毒素所致。急性者未出现症状就突然死亡。病程稍长的，可见典型的中毒性神经症状，先不安、兴奋，后沉郁，直至昏迷，进而死亡。

（3）肠炎型 也称肠型，体温稍有升高，主要表现腹泻。病初排出的粪便呈淡黄色，粥样，有恶臭，继则呈水样，淡灰白色，混有凝血块、血丝和气泡。严重者出现脱水现象，卧地不起，全身衰弱。如不及时治疗，常因虚脱或继发肺炎而死亡。个别病例也会自愈，但以后发育迟缓。剖检主要呈现胃肠炎变化。

【治疗】本病的治疗原则是抗菌、补液、调节胃肠机能和调整肠道微生态平衡。

（1）抗菌 可用土霉素、链霉素或新霉素。内服的初次剂量为每千克体重 30～50 毫克。12 小时后剂量可减半，连服 3～5 天。或以每千克体重 10～30 毫克的剂量肌内注射，每天 2 次。

（2）补液 将补液的药液加温，使之接近体温。补液量以脱水程度而定，原则上失多少水补多少水。当有食欲或能自吮时，可用口服补液盐。口服补液盐处方：氯化钠 1.5 克，氯化钾 1.5 克，碳酸氢钠 2.5 克，葡萄糖粉 20 克，温水 1 000 毫升。不能自吮时，可用 5%葡萄糖生理盐水或复方氯化钠溶液 1 000～1 500毫升，静脉注射。发生酸中毒时，可用 5%碳酸氢钠液80～100 毫升。注射时速度宜慢。如能配合适量母牛血液更好，皮下注射或静脉注射，一次 150～200 毫升，可增强抗病能力。

（3）调节胃肠机能 可用乳酸 2 克、鱼石脂 20 克、加水 90 毫升调匀，每次灌服 5 毫升，每天 2～3 次。也可内服保护剂和吸附剂，如次硝酸铋 5～10 克、白陶土 50～100 克、活性炭10～20 克等，以保护肠黏膜，减少毒素吸收，促进早日康复。

（4）调整肠道微生态平衡 待病情有所好转时、可停止应用抗菌药，内服调整肠道微生态平衡的生态制剂。例如，促菌生6～12 片，配合乳酶生 5～10 片，每天 2 次；或健复生 1～2 包，每天 2 次；或其他乳杆菌制剂。使肠道正常菌群早日恢复其生态平衡，有利于早日康复。

【预防】

（1）养好妊娠母牛 改善妊娠母牛的饲养管理，保证胎儿正常发育，产后能分泌良好的乳汁，以满足新生犊牛的生理需要。

（2）及时饲喂初乳 为使犊牛尽早获得抗病的母源抗体，在产后 30 分钟内（至少不迟于 1 小时）喂上初乳，第一次喂量应稍大些，

在常发病的牛场，凡刚出生犊牛在饲喂初乳前，皮下注射母牛血液30～50毫升，并及早喂上初乳，对预防犊牛大肠杆菌是重要的一环。

（3）保持清洁卫生　产房要彻底消毒，接产时，母畜外阴部及助产人员手臂用1%～2%来苏儿溶液清洗消毒。严格处理脐带，距腹壁5厘米处剪断，断端用10%碘酊浸泡1分钟或灌注，防止因脐带感染而发生败血症。要经常擦洗母牛乳头。

47. 如何诊断和防制新生犊牛腹泻？

【病因】外界环境不良和垂直感染都可以引起犊牛腹泻；畜舍潮湿，温度不稳定，消毒不彻底，会使大肠杆菌乘虚而入引起犊牛腹泻；母源性腹泻的原因有两种，初乳中免疫球蛋白含量不足或母牛患有乳房炎，加上新生犊牛的免疫器官还不完善，出生后没有及时地提供足够的初乳，都可以引起犊牛腹泻。

【症状】环境引起的，一般在7日龄内发生，患病犊牛初期表现体温升高至41～42℃，精神沉郁，四肢无力，心跳加快，肠音高亢，粪便成水样，黄灰色或绿色，严重者带有黏液或血液。后期病犊体质虚弱，身体消瘦，个别关节肿胀、发热、疼痛而卧地。母源性腹泻一般发生于出生后1～2天，病前胎粪停滞，粪便黏稠。犊牛拱腰，体温升高，呼吸加快，鼻镜干裂；如果母牛患乳房炎，犊牛排黄色或绿色如水样粪便，精神沉郁，四肢无力。

【剖检变化】蹄叶炎或趾间糜烂坏死；鼻腔流鼻液，鼻黏膜严重出血；门齿齿龈出血、糜烂；第四胃黏膜严重出血、水肿、糜烂和溃疡；大脑充血、脊髓出血。

【防制】

（1）由环境引起的，冬春注意保暖、防寒、防潮湿；勤换垫草。

（2）控制本病重在预防。怀孕母牛要加强产前产后的饲养和护理，犊牛及时吮吸初乳，饲料配比适当，勿使过饥或过饱，断乳期饲料不要突然变化。

（3）产后观察母牛是否发生乳房炎，母牛如发生乳房炎应及时停止哺乳给犊牛，口服温红茶水100～200毫升，喂牛奶减半加链霉素

100毫克，每天1次，同时肌内注射痢菌净每千克体重0.1毫升，每天2次。对严重脱水病畜进行相应的输液治疗，效果显著。

48. 如何诊断和防制牛附红细胞体病？

附红细胞体病是由附红细胞体引起的一种传染病。附红细胞体是一种多形态的致病微生物，属于立克次氏体，呈环形、球形、卵圆形等形态，附着在红细胞上或存在于血浆中。病牛和带菌牛是传染源，其主要传播途径是吸血昆虫叮咬，血源性传播以及经胎盘传染给胎儿。当附红细胞体侵入机体后，迅速繁殖，进入外周血液，破坏红细胞。各种年龄的牛都可感染，主要集中在夏秋季节发病。病初症状不明显，仅表现为异食、口渴，黏膜呈黄白色。随着疾病的发展，体温升高，达40～42℃，精神不好，呼吸、心跳加快，食欲降低，反刍减少。流涎，流泪，多汗，四肢乏力，行走不稳，严重的卧地不起。产奶减少，发生便秘或出现腹泻，尿血，孕牛可发生流产。后期，黏膜极度苍白，黄疸也明显，肌肉震颤，有的突然退烧后死亡。在血涂片中发现附红细胞体即可确诊。

【预防】在夏秋季节，消灭吸血昆虫，切断传播途径，有利于控制本病。在本病流行地区，于5月份发病前用贝尼尔或黄色素进行两次预防性注射，间隔10～15天，可防止本病的发生。

【治疗】发病后病牛要隔离，精心饲养和护理。可选用贝尼尔、黄色素、四环素或土霉素进行治疗。贝尼尔，每千克体重3～7毫克，用生理盐水配成5%的溶液，在深部肌肉分多点注射，每天1次，连用2天；黄色素，每千克体重3～4毫克，用生理盐水配成0.5%～1%的溶液，缓慢静脉注射，必要时间隔1～2天，可再注射1次；四环素或土霉素250万～300万单位，一次静脉注射，每天2次，连用2～3天。此外，静脉注射葡萄糖、维生素C等有利于病牛恢复。

49. 如何诊断和防制牛坏死杆菌病？

坏死杆菌病是坏死梭杆菌引起的多种家畜的一种慢性传染病，以

病部组织呈液化性坏死和有特殊臭气为特征。

【症状】 潜伏期1～2周，一般1～3天。牛的坏死杆菌病在临床上常见的有腐蹄病、坏死性口炎（白喉）等。

(1) 腐蹄病 多见于成牛。当叩击蹄壳或钳压病变部位时，可见小孔或创洞，内有腐烂的角质和污黑臭水。这种变化也可见于蹄的其他部位，病程长者还可见蹄壳变形。重者可导致病牛卧地不起，全身症状变化，进而发生脓毒败血症而死亡。

(2) 坏死性口炎 又称"白喉"，多见于犊牛。病初厌食、发热、流涎、鼻漏、口臭和气喘。口腔黏膜红肿，增温，在齿龈、舌腭、颊或咽等处，可见粗糙、污秽的灰褐色或灰白色的伪膜。如坏死上皮脱落，可遗留界限分明的溃疡物，其面积大小不等，溃疡底部附有恶臭的坏死物。发生在咽喉者有颌下水肿、呕吐、不能吞咽及严重的呼吸困难。病变有时蔓延至肺部，引起致死性支气管炎或在肺和肝形成坏死性病灶，常导致病牛死亡，病程5～20天。

【防制】 加强饲养管理，精心护理牛只，经常保持牛舍、环境用具的消毒与干燥，低湿牧场要注意排水，及时清理运动场地上粪便、污水，定期给牛修蹄，发现外伤应及时进行处理。治疗本病一般采用局部治疗和全身治疗相结合的方法。对腐蹄病的病牛，应先彻底清除患部坏死组织，用3%来苏儿溶液冲洗或10%硫酸铜洗蹄，然后在蹄底病变洞内填塞高锰酸钾粉。对软组织可用抗生素、磺胺、碘仿等药物，以绷带包扎，外层涂些松馏油以防腐防湿。

对坏死性口炎（白喉）病牛，应先除去伪膜，再用0.1%高锰酸钾溶液冲洗，然后涂擦碘甘油，每天2次至病愈。对有全身症状的病牛应注射抗生素，同时进行强心，补液等治疗方法。

50. 如何诊断和预防牛布鲁氏菌病?

布鲁氏菌病是由布鲁氏菌引起的一种人畜共患慢性传染病。家畜以牛、羊、猪最易感。牛发生本病主要侵害生殖系统和关节，母牛表现为流产，公牛表现为睾丸炎。病畜和带菌动物是主要传染源。病原菌可随同流产胎儿、胎衣、羊水、子宫渗出物、精液、乳汁、脓汁排出体外，污染饲草、饲料、饮水和周围环境，健康牛主要经消化道、交配、损伤和未损伤的皮肤引起感染，吸血昆虫也能传播该病。

【症状】 妊娠母牛主要表现流产，流产一般发生于妊娠后期。流产前数日常有分娩预兆，如阴唇、乳房肿大，荐部、胁部下陷，乳汁呈初乳性质。此外，还有生殖道的发炎症状，如阴道黏膜出现粟粒大红色结节，阴道流出灰白色或灰色黏性分泌液。流产后多数伴发胎衣不下或子宫内膜炎，需要2～3周恢复。有的病愈后长期排菌，可成为再次流产的原因。有的经久不愈，屡配不孕。此外，病牛常发生关节炎，滑液囊肿胀、疼痛，以膝关节、腕关节和跗关节多发。还有的发生淋巴结炎或脓肿。

公牛患布鲁氏菌病时可发生睾丸炎、附睾炎，并失去配种能力。

【预防】 一是在引进牛时，一定要搞好检疫，不要引进病牛。二是在有本病发生的地区，可对牛群用布鲁氏菌病疫苗进行免疫。三是对病牛群坚持进行检疫，每年至少一次，淘汰病牛。因布鲁氏菌是胞内菌，即生活在细胞内，化学药物治疗效果不佳，预防显得尤为重要。

51. 如何诊断和防制牛钱癣？

牛钱癣是由某些真菌引起的一种慢性皮肤病。病牛是传染源，主要通过病牛和健康牛的直接接触而传染。也能经饲槽、牛栏、刷拭用具、饲养人员等间接传播。任何品种、性别、年龄的牛都可感染，犊牛尤其易感。气温高、湿度大，饲养密度大，舍饲牛最容易发病，秋冬季严重。病变主要出现在头部（如眼睑、口周围、面部），有时也见于颈部和躯体上。开始出现些小结节，结节上附着皮屑，逐渐扩大呈圆形的斑，突起，灰白色，有痂皮，痂皮上有少量断毛。癣痂小的像铜钱大，大的像核桃或更大。这种痂皮在1～2个月后自然脱落，留下秃斑，以后可以再长出新毛，有的癣斑也可互相融合成大片状。病牛表现剧痒，有触痛，常常在围栏上摩擦，有时引起皮下出血，减食，消瘦。

【预防】 主要是加强饲养管理，改善卫生状况，适当降低舍饲密

度。发现病牛，立即隔离，其他牛进行检疫。环境要彻底消毒，圈舍可用2%热氢氧化钠、0.5%过氧乙酸、3%来苏儿等喷洒或熏蒸。

【治疗】局部剪毛，用温水或肥皂水洗净病变处，除去痂块，用抗真菌药物或软膏治疗。如硫酸铜25克、凡士林油75克，混合制成软膏，每5天涂擦一次，两次即有效。此外，还可用10%萘软膏、萘酚软膏、焦油软膏或10%碘酊外用，治疗效果也不错，一般2～3周可治愈。

第三章　牛的常见内科病

52. 如何诊疗牛口炎？

口炎是口腔黏膜的表层炎症，偶尔也发生水疱性或溃疡性口炎。多是由于饲喂不当，如吃了粗糙和尖锐的饲料，饲料中混有木片、玻璃或麦芒等杂物所造成；牙齿磨灭不正或各种坚硬机械的刺激；或服用高浓度的刺激性药物如冰醋酸、酒石酸锑钾等；吃了有毒植物，误饮氨水，维生素缺乏等，都可引起本病。此外，本病还可能继发于某些传染病，如口蹄疫等。

【症状】采食、咀嚼障碍和流涎。病初，黏膜干燥，口腔发热，唾液量少。随疾病发展，唾液分泌增多，在唇缘附着白色泡沫并不断地由口角流下，常混有食屑、血丝。口腔黏膜感觉敏感，采食、咀嚼缓慢，严重时可在咀嚼中将食团吐出。开口检查时可见黏膜潮红、温热、疼痛、肿胀，口有干臭味。舌面有舌苔，在口腔黏膜有溃疡面，大小不等。全身症状轻微。

【防治】

（1）用3%左右的碳酸氢钠溶液冲洗口腔。

（2）用0.1%的高锰酸钾溶液冲洗口腔。

（3）用0.1%的雷佛奴儿溶液冲洗口腔。

（4）如果唾液多，则用2%～5%的硼酸溶液或1%～2%的明矾溶液、2%左右的甲紫溶液冲洗口腔。

（5）用0.2%～0.6%的硝酸银溶液涂搽口腔。

（6）用10%左右的磺胺甘油乳剂涂搽口腔。

（7）如果病牛口腔溃烂、溃疡处可涂搽碘甘油。

（8）用磺胺噻唑40克，小苏打35克，蜂蜜150～250克，混合后涂在病牛的舌头上让其舔服。

(9) 有全身炎症时，可以肌内注射青霉素或磺胺噻唑钠，连续注射5天左右。

53. 如何诊疗牛食道梗塞?

食道梗塞又称为食管阻塞，是由于吞咽物过于粗大和/或咽下机能紊乱所致的一种食管疾病。常因采食胡萝卜、甘薯类块根或未被打破和泡软的饼类饲料所引起。

【症状】突然发生采食中止，头颈伸直、流涎、咳嗽，不断咀嚼伴有吞咽困难，摇头晃脑，惊恐不安。可分食道前部与胸部食道阻塞2种。食道前部阻塞可以在颈侧摸到，而胸部阻塞可从食道积满唾液的波动感诊断。

【防治】

(1) 治疗　主要是及时排出食道阻塞物，使之畅通。如将阻塞物从口中取出法（将阻塞物向口腔推压然后一人用手从口腔中取物）。或采用压入法，将胸部食道阻塞物用胃管向下推送入胃，或连接打气管气压推进。也可采用强制运动法，如将牛头与前肢系部拴在一起，然后强制牛运动20～30分钟，借助颈肌运动促使阻塞物进入瘤胃。

(2) 预防　主要是饲料加工应规格化，块根饲料加工达到一定的碎度可以根除本病。

54. 如何诊疗牛瘤胃积食?

牛瘤胃积食又称瘤胃食滞，瘤胃阻塞，也称为急性瘤胃扩张，中医称宿草不转。是因前胃收缩力减弱，采食的大量干燥饲料停滞所引发的急性瘤胃扩张。主要是因采食饲料过多引起的，是牛常发生的一种疾病。

【临床症状】瘤胃积食病情发展迅速，通常在采食后数小时内发病，临床症状明显。初期，病牛精神不安，目光凝视，回顾腹部，间或后肢踢腹，有腹痛表现。病牛食欲、反刍消失，不吃草，不反刍，拱背，空口虚嚼，有时出现呻吟。听诊瘤胃蠕动音减弱或消失，肠音微弱或沉寂，便秘，粪便干硬呈饼状，间或发生下痢。若瘤胃压迫十二指肠可引起十二指肠假性阻塞而出现肠便秘症状，触诊瘤胃，病畜不安，内容物黏硬，用拳按压，遗留压痕。有的病畜瘤胃内容物坚硬如石。

晚期病例，病情急剧恶化，奶牛泌乳量减少或停止。肚腹膨隆，呼吸促迫而困难。心悸，脉搏快速，皮温不整，四肢角根和耳冰凉，全身战栗，眼球下陷，黏膜发绀，全身衰弱，卧地不起，陷于昏迷状态。病牛发生脱水与自体中毒，呈现循环虚脱。

【防治】

（1）预防 主要是草不要切得太短；填精料时要注意与草拌匀，没分槽定位的牛精料应撒匀，不能让一头牛独占独食过多精料。

（2）治疗 主要是泻下，可投入50～1 000克硫酸钠（镁）溶液，也可用液体石油，同时对严重的牛可进行补液，防止酸中毒。每次可补2 000～4 000毫升，加入碳酸氢钠300～600毫升，同时也可给刺激瘤胃兴奋的药，如新斯的明、氨甲酰胆碱等。

55. 如何诊疗牛前胃弛缓？

牛前胃弛缓按其病情发展过程，可分为急性和慢性2种类型。该病是指前胃神经肌肉感受性降低，收缩力减弱，瘤胃内容物迟滞所引起的一种消化不良综合征。常因长期大量饲喂粗硬难消化的饲料，过食浓厚、劣质、发霉变质糟渣饲料，运动不足，维生素、矿物质缺乏所致；也可继发于其他疾病。

【症状】

（1）急性型 多呈现急性消化不良，精神委顿，神情不活泼，表现为应激状态。

①食欲减退或消失，反刍迟缓或停止，体温、呼吸、脉搏及全身机能状态无明显异常。

②瘤胃收缩力减弱，蠕动次数减少或正常，瓣胃蠕动音低沉，奶牛泌乳量下降，时而嗳气，有酸臭味，便秘，粪便干硬、呈深褐色。

③瘤胃内容物充满，黏硬，或呈粥状；由变质饲料引起的，瘤胃

收缩力消失，轻度或中度臌胀，下痢；由应激反应引起的，瘤胃内容物黏硬，而无臌胀现象。

④一般病例病情轻，容易康复。如果伴发前胃炎或酸中毒症，病情急剧恶化，病牛呻吟，磨齿，食欲、反刍废绝，排出大量棕褐色糊状便，具有恶臭；精神高度沉郁，皮温不整，体温下降；鼻镜干燥，眼球下陷，黏膜发绀，出现脱水现象。

(2) 慢性型　通常为继发性因素所引起，或由急性转变而来，多数病例食欲不定，有时正常，有时减退或消失。常常虚嚼、磨牙，发生异嗜，舔砖吃土，或摄食被尿粪污染的褥草、污物。反刍不规则、无力或停止。嗳气减少，嗳出气体带臭味。

病情时好时坏，水草迟细，日渐消瘦，皮肤干燥，弹力减退，被毛逆立，干枯无光泽，体质衰弱。

瘤胃蠕动音减弱或消失，内容物停滞，稀软或黏硬。多数病例网胃与瓣胃蠕动音减弱或消失，瘤胃轻度臌胀。腹部听诊，肠蠕动音微弱或低沉。便秘，粪便干硬、呈暗褐色、附着黏液；下痢，或下痢与便秘互相交替。排出糊状粪便，散发腥臭味；潜血反应往往呈阳性。

病的后期，伴发瓣胃阻塞，精神沉郁，鼻镜龟裂，不愿移动，或卧地不起，食欲、反刍停止，瓣胃蠕动音消失，继发瘤胃臌胀，脉搏快速，呼吸困难。眼球下陷，结膜发绀，全身衰竭、病情危重。

【治疗】为排出前胃内容物，可选用缓泻止酵剂，如硫酸钠、酒精、鱼石脂或豆油 1 000 毫升。为加强前胃蠕动，可用灌服吐酒石酸锑钾和番木鳖酊，同时配合瘤胃按摩和牵引运动。当呈现酸中毒症状时可用葡萄糖盐水、碳酸氢钠、安钠咖静脉注射。

56. 如何诊疗牛瘤胃胀气？

牛瘤胃胀气俗称胀肚，主要是因牛采食大量的易发酵饲料导致大量气体产生，嗳气受阻，引起瘤胃急剧臌胀。原发性瘤胃臌气主要是由于采食大量易发酵饲料，如早春第一次放牧或舍饲大量青嫩多汁牧草，尤其是豆科牧草，或食入腐败变质饲料。继发性瘤胃臌气常继发于食道阻塞，瓣胃弛缓和阻塞、真胃溃疡和扭转、创伤性网胃炎等。

一般起病急，腹围迅速增大、左侧肷窝最明显，叩诊呈鼓音，听诊瘤胃初期蠕动增强，以后转弱，甚至消失。

【症状】

（1）急性瘤胃臌胀 通常在采食大量易发酵性饲料后迅速发病，甚至有的在采食中突然呆立，停止采食，食欲消失，临床症状急剧发展。

病的初期举止不安，神情忧郁，结膜充血，角膜周围血管扩张。回头望腹，腹围迅速膨大。瘤胃收缩先增强，后减弱或消失，腰旁窝突出。腹壁紧张而有弹性，叩诊呈鼓音。

呼吸困难，随着瘤胃扩张和臌胀，膈肌受压迫，呼吸促迫而用力，甚至头颈伸展、张口伸舌呼吸，呼吸数增至60次/分钟以上。心悸，脉搏快速，脉搏数可达100～120次/分钟以上。后期心力衰竭，脉搏微弱，病情危急。

泡沫性臌胀，常见泡沫状唾液从口腔中逆出或喷出。瘤胃穿刺时，只能断断续续地排出少量气体。瘤胃液随着瘤胃壁紧张收缩向上涌出，阻塞穿刺针孔，排气困难。

病的后期，心力衰竭，血液循环障碍，静脉怒张，呼吸困难，黏膜发绀，奶牛乳房皮肤也变暗蓝色，目光恐惧，出汗，间或肩背部皮下气肿，站立不稳，步态蹒跚，往往突然倒地、痉挛、抽搐，陷于窒息和心脏麻痹状态。

（2）慢性瘤胃臌胀 多为继发性因素引起，病情弛张，瘤胃中度臌胀，时而消长，常在采食或饮水后反复发生。通常为非泡沫性臌胀，穿刺排气后又臌胀起来，瘤胃收缩运动正常或减弱，穿刺针随同瘤胃收缩而转动。犊牛排出的气体，具有显著的酸臭味。病情发展缓慢，食欲、反刍减退，水草迟细，逐渐消瘦。生产性能降低，奶牛泌乳量显著减少。

（3）病程及预后 原发性急性瘤胃臌胀，病程急促，如不及时治疗，数小时内窒息死亡。病情轻的病例，治疗及时，可迅速痊愈，预后良好。但有的病例，经过治疗消胀后又复发，预后可疑。

慢性瘤胃臌胀，病程可持续数周至数月。由于病因不同，预后不一。继发于前胃弛缓的，原病治愈，慢性臌胀也消失。继发于创伤性

网胃腹膜炎的，腹腔脏器粘连，由肿瘤等病变而引起的，久治不愈，预后不良。

【诊断】急性瘤胃臌胀，病情急剧，根据病史，采食大量易发酵性饲料发病，腹部臌胀，左旁腰窝凸出，血液循环障碍，呼吸极度困难，确诊不难。慢性臌胀，病情弛张，反复产出气体。随原发病而异，通过病因分析，也能确诊。

【治疗】本病的病情发展急剧，抢救病畜应及时。采取有效的紧急措施，排气消胀，方能挽救病畜。因此治疗原则着重于排除气体，防止酵解、理气消胀、强心补液、健胃消导，以利康复过程。

病的初期，使病畜头颈抬举，用草把适度地按摩腹部，促进瘤胃内气体排除。同时应用松节油20～30毫升，鱼石脂10～15克，95%酒精30～50毫升，加适量温水，或8%氧化镁溶液600～1 000毫升，一次内服，具有消胀作用。

严重病例，当发生窒息危险时，首先应用套管针进行瘤胃穿刺放气，防止窒息。非泡沫性臌胀，放气后，宜用稀盐酸10～30毫升；或鱼石脂15～25克，95%酒精100毫升，水1 000毫升；也可用生石灰水1 000～3 000毫升。放气后用0.25%普鲁卡因溶液50～100毫升、青霉素100万单位，注入瘤胃，效果更佳。

泡沫性臌胀，以灭沫消胀为目的，宜用表面活性药物，如二甲基硅油，牛2～2.5克；羊0.5～1.0克，或用消胀片（二甲基硅油15毫克/片），牛30～60片，内服，能迅速奏效。实际上，应用菜子油、豆油、花生油或香油300毫升，温水500毫升，制成油乳剂，内服；也可以用松节油30～40毫升，液体石蜡500～1 000毫升，常水适量，一次内服，都具有消灭泡沫的功效。

此外，用2%～3%碳酸氢钠溶液，进行瘤胃洗涤，调节瘤胃内容物pH。若因采食紫云英而引起的，可用食盐200～300克，常水4 000～6 000毫升，内服，都具有止酵消胀作用。为了排除瘤胃内容物及其酵解物质，可用盐类或油类泻剂（剂量与用法，参照瘤胃积食）；或用毛果芸香碱0.02～0.05克，或新斯的明0.01～0.02克，皮下注射，兴奋副交感神经，促进瘤胃蠕动，有利于反刍和嗳气。

在治疗过程中，应注意全身机能状态，及时强心补液（参照瘤胃积食疗法），增进治疗效果。

但须指出，泡沫性臌胀，药物治疗无效时，即应进行瘤胃切开术，取出其中的内容物，按照外科手术要求处理、防止污染。实践证明，常常获得良好效果。手术方法见瘤胃切开术。接种瘤胃液，在排除瘤胃气体或进行瘤胃手术后，采用牛健康瘤胃液3～6 升，并应用青霉素或土霉素适量，灌入瘤胃内，提高防治效果。

至于病情轻的病例，使病牛立于斜坡上，保持前高后低姿势，不断牵引其舌，或用木棒涂煤酚皂溶液，给病牛衔在口内，同时按摩瘤胃，促进气体排除，也能奏效。

【预防】本病的预防，着重加强饲养管理，增强前胃神经反应性，促进消化机能，保持其健康水平。

（1）在放牧或改喂青绿饲料前 1 周，先饲喂青干草、稻草，或作物秸秆，然后放牧或喂青饲料，以免饲料骤变发生过食。

（2）在放牧中应注意避免采食开花前的豆科植物；堆积发酵或被雨露浸湿的青草，要尽量少喂，以防臌胀。

（3）气体产生与牧草含糖量有关，苜蓿、紫云英等豆科植物的含糖量下午比上午高，下午采食，易发生急性臌胀，故应注意。

（4）幼嫩牧草，采食后易发酵，应晒干后掺干草饲喂。饲喂量应有所限制。牛、羊放牧应注意茂盛牧区和贫瘠草场进行轮牧，避免过食。

（5）注意饲料保管、防止霉败变质，加喂精料应适当限制，特别是粉渣、酒糟、甘薯、马铃薯、胡萝卜等，更不宜突然多喂，饲喂后也不能立即饮水，以防发生本病。

（6）舍饲牛、羊，在开始放牧前一两天内，先给予聚氧化乙烯；或聚氧化丙烯 20～30 克，加豆油少量；羊 3～5 克，放在饮水内，内服，然后再放牧，可以预防本病。

57. 如何诊治牛瓣胃秘结？

牛瓣胃秘结俗称“百叶干”，是指瓣胃内积聚大量干涸的内容物

而引起的瓣胃麻痹和食物停滞为特征的疾病。常呈慢性，在前胃疾病中发病率最低。一般原发性少见，继发性多见。因此，在奶牛临床上很少引起人们的重视。

【病因】 原发的原因主要是长期饲喂细碎粉状坚实的饲料，如麸皮、糠皮，以及饲喂坚韧而又纤维多的粗饲料，如苜蓿秆、豆秸等；饲料中混有泥沙时发病更为严重。继发性的病因较多，如牛瓣胃炎、前胃积食、横膈膜及网胃粘连、真胃变位或捻转、血孢子虫病、产后瘫痪等。

【发病机理】 长期饲喂细碎硬固或干硬不易消化的粗饲料，致使瓣胃小叶反射兴奋性降低和胃肌抑制，瓣胃的逆蠕动收缩更加变弱，食物向真胃排空减少而于其内停滞，水分被吸干而形成阻塞。至于血孢子虫的寄生，是因产生大量毒素作用于中枢神经引起麻痹，结果出现阻塞。

【临床症状】 精神沉郁，食欲和反刍次数减少或废绝，鼻镜干燥，嗳气增加，乳产量降低，前胃弛缓和瘤胃积食、臌气症状。病一出现，排粪就减少，呈黏酱状、恶臭，后便秘；尿减少，呈深黄色，后期无尿，呼吸、体温和脉搏正常，在右侧第7～9肋间，肩胛关节水平线上听诊瓣胃，初期蠕动微弱，后完全停止。触诊瓣胃时患畜有痛感。

随病程延长，眼结膜发绀，眼凹陷，四肢无力，全身肌肉震颤，卧地不起。如当瓣胃小叶坏死和败血时，体温升高，呼吸和脉搏增数，粪呈稀状、带血，具臭味。当全身症状恶化时可迅速引起死亡。死后剖检，瓣胃坚硬，内容物干燥似干泥样，小叶坏死呈片层状脱落、溃疡。真胃及肠道有不同程度的炎症；胆囊肿大，肝实质退行性变。

【诊断】 奶牛由于饲养管理条件基本稳定，故临床发病较少。诊断时应注意前胃疾病的鉴别。因边虫、焦虫等引起的本病，应注意全身变化，如体温升高、贫血和血尿。血液涂片镜检，可见有虫体。

【治疗】

（1）灌服泻剂　用油类或盐类泻剂，硫酸镁 500～1 000 克、液体石蜡油 1 000 毫升，一次灌服。如完全阻塞，通常药物治疗无效，为恢复瓣胃机能，可用 5%～10%氯化钠液 500 毫升、安钠咖 2 克，一次静脉注射。

(2) 瓣胃注入法 牛瓣胃无分泌腺，不发生液化作用，因此，食物不能自瓣胃排出。如将泻盐溶液直接注入瓣胃，可能收效。

方法：注射部位在右侧第 10 肋骨末端上方 3～4 指宽处。用 10 厘米长的针头，经肋骨间隙，方向略向后向下刺入瓣胃后，用注射器抽取胃内容物，如能抽到食物污染的液体时证明已刺入瓣胃内，然后向内注入 25%硫酸镁 200～500 毫升。

(3) 瓣胃冲洗术 可通过切开瘤胃和真胃两个途径冲洗。

保定：切开瘤胃时，牛站立保定；切开真胃时，牛横卧保定。

麻醉：切开瘤胃用腰旁麻醉，切开真胃用腰荐间隙硬脊膜外腔麻醉。

术式：切开瘤胃时，掏取 1/3 瘤胃内容物，术者将直径约 2cm 的胶管通过瘤胃、网胃带入瓣胃后，灌注温水；切开真胃时，将真胃切口缝合在皮肤缘上，然后将管子通过真胃带入瓣胃，用温水冲洗，直至瓣胃柔软、变小。

58. 如何诊疗犊牛消化不良?

犊牛消化不良是犊胃肠消化机能障碍的统称，是哺乳期常见的一种胃肠疾病，本病可因腹泻及机体代谢紊乱引致中毒而表现为一种综合征。临床经过可分为单纯性消化不良和中毒性消化不良 2 种类型，前者主要呈现消化和营养的急性障碍和轻微的全身症状，而后者呈现严重的消化障碍，机体内中毒以及明显的全身症状。犊牛消化不良具有群发性，但一般不具有传染性。

【发病机理】 犊牛消化不良多发生在出生后，吮食初乳不久或经 1～2 天后发病，2～3 个月龄后发病逐渐减少。一般认为怀孕母牛饲喂非全价日粮，影响到发育中的胎儿，是胎儿消化不良的先天病因，而对母牛和犊牛的管理不当、卫生条件差，是犊牛消化不良的后天获得的病因。

怀孕期母牛饲喂非全价日粮，影响到泌乳，特别是初乳和常乳的数量和质量。母牛营养不良，初乳少质量差，致使幼犊吮食的初乳不足，机体的抗病力差，易致消化不良的发生。因母牛饲养管理差，易患乳房炎及其他疾病，不仅影响了乳的质量，且乳中会含有病理产物和病原微生物。犊牛吃食后易引起消化不良。妊娠母牛的一些应激因素如驱赶、抓捕、运输、转群、预防注射、投药、手术、寒冷、拥挤、饲喂突然改变、运动不足等，影响母牛泌乳，促进犊牛发病、犊牛的饲养、护理不当，如吮食初乳过晚、量少、乳质不好而使其抵抗力降低，如母牛有乳房炎，其初乳更易引起发病。犊牛的饲喂不当，未执行定量、定时、定温的“三定”规则，饮水不足，补饲不当，对胃过度的刺激而造成消化障碍均可引起发病。当犊牛舍拥挤、潮湿、通风不良、没有足够的运动和阳光、环境条件差、饲喂用具、喂奶瓶不洁、奶和饲料被污染、霉败、饮水不洁，这些原因可使外源性细菌进入胃肠道，在胃肠道内发生异常分解的基础上，病原微生物大量繁殖，引起胃肠道菌群失调，产生大量毒素，发生中毒性消化不良。由于犊牛在出生后一段时间内，消化器官、免疫系统、神经调节等尚未发育完全，致使犊牛消化功能异常，肠道内酸碱平衡失调，肠道分解、蠕动、吸收机能障碍而发生腹泻，进而体液和电解质流失，引起脱水。肠道内异常分解产物和细菌毒素被吸收，经肝门静脉进入肝脏，破坏了肝的解毒功能而发生自体中毒，毒素刺激中枢神经系统造成机能紊乱，患病犊牛呈现精神沉郁、昏睡、痉挛等症，并引起各器官系统的机能障碍。

【临床表现】

（1）单纯性消化不良　犊牛精神不振、食欲减退或拒食、体温正常或稍低，不愿活动，多躺卧，进行性消瘦，开始时排粥样稀粪，以后排深黄或暗绿色水样粪便，粪便带酸臭味，混有泡沫、黏液或未消化的白色的凝乳块或饲料碎片、尾根、肛周和后躯股部沾满污粪，肠蠕动增强，肠音高亢，腹痛，有轻微臌气，持续性腹泻使机体脱水后出现皮肤干燥，缺乏弹性，眼窝下陷，心跳加快，呼吸迫促，严重时站立不起，全身震颤，衰弱无力等症状，如不及时治疗，可发展为中毒性消化不良，也极易继发支气管肺炎，病情更加恶化。

(2) 中毒性消化不良 主要呈现重剧性腹泻，自体中毒和全身机能明显障碍，如病犊精神委顿，目光呆滞，食欲废绝，体温升高，结膜苍白，微黄染，急剧消瘦，衰弱无力，躺卧不动，频频排出大量黏液和血样稀粪，多呈灰色或灰绿色，带有强烈腥臭味，肛门松弛，排便失禁，失水症状更明显，心跳加快，心音混浊，脉细弱，呼吸更浅表疾速，黏膜发绀，严重时皮肤感觉降低，反应迟钝，肌肉震颤，最后体温突然降低，四肢及耳鼻末梢冷厥，昏迷死亡。

【治疗】 应采取食饵疗法，药物疗法和改善饲养管理，加强护理，以恢复各器官机能，提高机体抵抗力等综合措施。

首先应根据以上病因叙述，消除病因，改善卫生条件，加强犊牛的护理，犊舍冬季要保暖，清洁干燥，病犊应单独饲喂。

为缓解胃肠负担，可采取饥饿疗法，禁食8～12小时，期间可喂生理盐水，或饮适量微温的红茶水；为排除胃肠内容物，对腹泻不重的犊牛可用盐类和油类缓泻剂，也可同时用温水灌肠；腹泻缓解后，可给予稀释乳，每天少量多次饲喂，喂以人工胃液（胃蛋白酶10克，稀盐酸5毫升，温水1 000毫升）适当加B族维生素和维生素C，犊牛30～50毫升一次，也可投服胃蛋白酶、淀粉酶、胰酶或其他消化药；为防止肠道感染，对体温升高，有中毒性消化不良的，可选用抗生素和磺胺药；为防止肠内腐败发酵，可选用乳酸菌素、萨罗等止酵剂；缓解腹泻不止可用鞣酸蛋白、次硝酸铋、硅酸银或颠茄酊；对脱水的犊牛，为恢复体液和水盐代谢，病初可饮用生理盐水，每次500毫升，犊牛还可静脉输平衡液（氯化钠8.5克、氯化钾0.2～0.3克、氯化钙0.2～0.3克、氯化镁0.2～0.25克、碳酸氢钠1克、葡萄糖10～20克、安钠咖0.2克、青霉素80万单位），首次量为1 000毫升，维持量为500毫升。为提高机体抵抗力，可行输血疗法，犊牛每千克体重输血5毫升。

【预防】 近年来，有用亚硒酸钠防治以腹泻为主要特征的消化不良的报道。注意饲养，加强管理，改善卫生条件，保证孕畜饲喂全价日粮，尤其是怀孕后期，增加蛋白质、矿物质及维生素营养，改善环境卫生，经常刷拭牛体，保持乳房清洁，保证有足够的户外活动，避免应激，新生犊产后1小时内必须吮食到初母乳，哺乳期犊牛的饲

喂，必须坚持“三定”，饲养用具勤洗刷，经常消毒。

59. 如何诊治牛便秘？

便秘是因肠平滑肌蠕动机能降低所致的排粪迟滞，常发于结肠。多见于成年牛、老龄牛。主要原因是饲料过粗、缺乏饮水、重度使役；长期大量饲喂浓质料，或饲料过干，混有大量植物根须、毛发，阻塞肠管。

【临床症状】腹痛、排粪停止，脱水。病牛不吃不喝，反刍减少或废绝，有的拱背、努责，屡呈排便姿势，或蹲伏，或后肢踢腹部，有的喜卧不愿站立，后期排便停止，或仅排出一些胶冻样团块，并呈现脱水症状。预防该病主要是供给充足的饮水，减少粗老、干硬饲料。一旦牛患便秘，应采取镇痛、通便、补液、强心的治疗原则。镇痛可选用哌替啶注射液或阿片酊；通便可投服硫酸镁或硫酸钠500～800克，也可用液体石蜡1 500～2 000毫升；上述方法无效后，可进行直肠破结法。

60. 如何诊疗牛胃肠炎？

胃肠炎是指胃肠黏膜及其深层组织发生的炎症。主要是因胃肠受到强烈有害的刺激所致，多因吃了品质不良的草料，如霉变的干草、冷冻腐烂块根、草料，变质的玉米等；有毒植物、刺激性药物及误食农药污染的草料，可直接造成胃肠黏膜损伤，引起胃肠炎；因营养不良、过度劳役或长途运输造成机体抵抗力降低，使胃肠道内的条件性致病菌（大肠杆菌、坏死杆菌等）毒力增强而引起胃肠炎，此外，滥用抗生素也可造成胃肠菌群紊乱，引起二重感染。

【临床症状】剧烈腹泻，粪便稀薄，常混有黏液、血液及脱落的坏死组织碎片等，有时混有脓汁，气味恶臭。病程延长，出现里急后重等症状。此外，可见病牛精神沉郁，食欲废绝，饮欲增加，反刍停止，体温升高等症状。

【治疗】首先要消除病因，加强护理，绝食1～2天，以后喂给少量柔软易消化的饲料，病初或排恶臭稀便，但排粪不通畅时，应清理胃肠，给予300～400克硫酸钠（镁）缓泻药等。当肠内容物已基本排空，粪的臭味不大而仍腹泻不止时，则要止泻，用0.1%高锰酸钾液3 000～5 000毫升内服，或用其他止泻药。消除炎症，可选用抗生素等。肠道出血可给予维生素K。此外，应根据情况给予补液和缓解酸中毒。

61. 如何防治牛感冒?

感冒是以上呼吸道黏膜炎症为主要表现的急性全身性疾病。早春晚秋气候多变时易发，多因受寒而引起，如寒夜露宿、久卧凉地、贼风侵袭、冷雨浇淋、风雪袭击等。

【临床症状】发病突然，精神沉郁，食欲减退或废绝，反刍减少或停止，鼻镜干燥，时常磨牙。体温升高，脉搏增数，呼吸加快。结膜潮红，羞明流泪。咳嗽，流水样鼻液。肺泡呼吸音增强，有时可听到湿啰音。口色青白，舌质微红，舌苔薄。瘤胃蠕动音弱，粪便干燥。

【治疗】应让病牛充分休息，保证饮水，喂给易消化的饲料，及时应用解热剂，一般可内服阿司匹林10～25克，肌内注射30%的安乃近、安痛定注射液20～40毫升。为防止继发感染，应配合应用抗生素或磺胺类药物。排粪迟滞者，应用缓泻剂。为恢复胃肠机能，可用健胃剂。

【预防】主要是加强牛的耐寒锻炼，增强机体抵抗力，注意气候变化，御寒保温，防止受凉。

62. 如何处理牛鼻出血?

鼻出血是鼻腔及鼻腔附近组织血管破裂造成的。常见于粗暴的检查和插胃管；鼻及其周围组织的挫伤、鞭打，牛相互觝头；异物刺入鼻腔，引起鼻黏膜发炎与溃疡；过度使役或在强烈日光照射下劳役，由于血压异常升高，血管极度怒张而破裂；某些传染病、中毒病或某

些血液病，也能引起鼻出血。另外，喉、肺、胃血管破裂，鼻骨骨折、患副鼻窦炎等，也可通过鼻道流出血液。

【临床症状】单纯鼻黏膜损伤，血液新鲜，出血呈持续性，血中无混杂物。副鼻窦出血，多有慢性出血病史，出血呈间断性，常混有脓汁或腐败物。肺出血，血液为鲜红色，内有多量小气泡，病牛咳嗽，肺听诊有啰音。胃出血，血液呈污褐色，内含有食物。

【防治】

(1) 治疗 应使牛安静，用凉水轻轻冲洗鼻部和头部。轻度的鼻出血通常可自行止血。用1%明矾溶液或0.1%肾上腺素浸湿纱布条填塞鼻孔。严重出血时，用0.1%肾上腺素5～10毫升，皮下注射；或5%氯化钙300～500毫升、安络血10～20毫升，1次静脉注射。

(2) 预防 要加强管理，防止鼻黏膜机械性损伤的发生，不要打击牛的头部，炎热季节不要过度使役，使役时间不要太长，使役后应将牛置于阴凉地，保证饮水。

63. 如何诊疗牛膀胱炎？

膀胱炎是指膀胱黏膜或黏膜下层的炎症。常因细菌感染所致，也可因邻近器官组织炎症蔓延而引起，还可见于长期不良刺激，如膀胱结石、导尿管刺伤等引起。

【临床症状】牛患急性膀胱炎表现为尿频、尿痛，每次排尿量减少，多呈点滴状流出，疼痛不安。若膀胱颈部黏膜肿胀或括约肌痉挛，引起尿闭，无尿排出，患畜不安、呻吟，阴茎频频勃起，阴门频频开张。直肠检查或外部触诊，膀胱高度充盈，久则导致膀胱破裂，痛感突然解除，不久病情恶化。尿液检查，混浊，尿沉渣中可见大量白细胞、红细胞、膀胱上皮或脓细胞。全身症状通常不明显，当炎症蔓延到深部组织，则可出现发热。严重的出血性膀胱炎，可引起贫血。慢性膀胱炎，病程较长，症状较轻，无明显排尿困难。

【治疗】原则是抗菌消炎、防腐消毒和对症治疗。灌洗膀胱，选用导尿管导出尿液，再经导尿管注入生理盐水灌洗，然后再用1%～3%硼酸溶液、0.1%高锰酸钾溶液、0.1%雷佛奴尔反复灌洗2～3

次。慢性的用0.02%～0.1%硝酸银溶液或0.01～0.1%蛋白银溶液灌洗。消毒尿路，可用40%的乌洛托品50～100毫升，一次静脉注射，每天2次，连用3～5天；抗菌消炎，用青霉素100万～200万单位，加上50毫升生理盐水或0.5%普鲁卡因，混合一次注入膀胱，每天1～2次，连用3～5天。

64. 如何防治牛尿道炎?

尿道炎是指尿道黏膜发生的炎症。常见于导尿时导尿管消毒不彻底，无菌操作不严密，导致细菌感染；或导尿时操作粗暴，以及尿结石的机械刺激，致使尿道黏膜损伤而感染。也可由邻近器官的炎症蔓延而引起。

【临床症状】病牛常呈排尿姿势，排尿时表现疼痛，尿液呈断续状流出。由于炎症的刺激，常反射地引起公牛阴茎频频勃起，母牛阴唇不断开张。严重时可见黏液、脓性分泌物不断从尿道口流出。尿液混浊，常含有黏液、血液或脓液，有时混有坏死、脱落的尿道黏膜。触诊或尿道控查时，患牛疼痛不安。若时间较长，则可因尿道黏膜发生坏死、增生而导致尿道狭窄甚至阻塞，最终引起尿道破裂。

【预防】为了防止尿道感染，导尿时导尿管要彻底消毒，操作时要严格按操作规程进行，防止尿道黏膜的损伤感染。要及时治疗泌尿和生殖系统疾病，以防炎症蔓延至尿道。

【治疗】参见膀胱炎的治疗。

65. 如何防治牛创伤性网胃炎?

创伤性网胃腹膜炎是由于金属异物（针、钉、碎铁丝）混杂在饲料内，被采食吞咽落入网胃，导致急性或慢性前胃弛缓，瘤胃反复臌胀，消化不良。并因穿透网胃刺伤膈或腹膜，引起急性弥漫性或慢性局限性腹膜炎，或继发创伤性心包炎。

本病主要发生于舍饲的耕牛和奶牛，间或发生于山羊。草原上放牧牛、羊群，距离城市和工矿区较远，很少发生。

【病因】 牛采食迅速，并不咀嚼，以唾液裹成食团，囫囵吞咽，又有舔食习惯，往往将随同饲料的金属异物吞咽落进网胃，导致本病的发生。因此，在饲养管理不当，饲料加工过于粗放，调理饲料不经心的情况下，很可能食进金属异物而发生本病。

通常所见，耕牛多因缺少饲养管理制度，随意舍饲和放牧，饲养人员不具备饲养管理常识，常将碎铁丝、铁钉、钢笔尖、回形针、大头钉、缝针、发卡、废弃的小剪刀、指甲剪、铅笔刀、碎铁片以及鱼串（短铁丝）等，到处抛弃，混杂在饲草、饲料中，散在村前屋后、城郊路边，或工厂作坊周围的垃圾与草丛中，因而都可能被耕牛采食或舔食吞咽下去，引发本病。

奶牛主要是由于饲料加工粗放，饲养粗心大意，对饲料中金属异物的检查和处理不细致引起发病。在饲草饲料中的金属异物，最常见的是饲料粉碎机与铡草机上的销钉，其他如碎铁丝、铁钉、缝针、别针、发卡、纽扣、图钉以及各种有关的尖锐金属异物等，被采食后而发病。

不论是青壮年耕牛或是高产奶牛，食欲旺盛，采食迅速，往往将上述金属异物吞咽进去，落入网胃底；间或进入瘤胃，又随同其内容物运转，而进入网胃。于此情况下，随着腹内压急剧消长，促使金属异物刺损网胃。因此，通常在瘤胃积食或臌胀、重剧劳役、妊娠、分娩以及奔跑、跳沟、滑倒、手术保定等过程中，腹内压升高，从而导致本病发生。其中以针、钉、碎铁丝与其他尖锐异物以及玻璃片等危害性最大，不仅使网胃受到严重损伤，而且也会损害到邻近的组织和器官，引起急剧的病理伤害。

【病理变化】 本病的病理变化依金属异物的性状而异。一部分病例只引起创伤性网胃炎，特别是铁钉或销钉，可使胃壁深层组织损伤，局部增厚，发生化脓，形成瘘管或瘢痕。也有一部分病例，网胃与膈粘连，或胃壁局部结缔组织增生，其中埋藏铁钉或销钉，并形成干酪腔或脓腔。还有一部分病例，由于网胃壁穿孔，形成弥漫性或局限性腹膜炎，乃至胸膜炎，常认为有腹腔脏器互相粘连，或于膈、脾、肝、肺各部分发现一个或数个脓肿。心脏受损害时，心包中充满多量化脓腐败性纤维蛋白性渗出液；也可能发生肺炎、肺脓肿、肺与胸膜粘连等病理解剖学变化。

【症状】 病牛采食时随同饲料吞咽下的金属异物，在未刺入胃壁前，不出现任何临床症状。通常存留在网胃内的异物，当分娩阵痛，长途输送、犁田耙地、瘤胃积食以及其他致使腹腔内压增高的因素影响下，突然呈现临床症状。

病的初期，一般多呈现前胃弛缓、食欲减退，有时异嗜，瘤胃收缩力减弱，反刍无力，不断嗳气，常常呈现间歇性瘤胃臌胀。肠蠕动音减弱，有时发生顽固性便秘，后期下痢，粪有恶臭。奶牛的泌乳量减少。由于网胃疼痛，病牛有时突然骚动不安。病情逐渐增剧，久治不愈，并因网胃和腹膜或胸膜受到金属异物损伤，呈现各种异常临床症状。

（1）姿态异常 站立时，常采取前高后低的姿势，头颈伸展，两眼半闭，肘关节向外展，拱背，不愿移动。

（2）运动异常 牵病牛行走时，不愿上下坡、跨沟或急转弯；牵牛在砖石或水泥路面上行走时止步不前。

（3）起卧异常 当卧地、起立时，因感疼痛，极为谨慎，肘部肌肉颤动，甚至呻吟和磨牙。

（4）叩诊异常 叩诊网胃区，即剑状软骨左后部腹壁，叩诊音呈鼓音，病牛感疼痛，呈现不安，呻吟退让，躲避或抵抗。

（5）反刍吞咽异常 有些病例，反刍缓慢，间或见到吃力地将网胃中食团逆呕到口腔，并且吞咽动作常有特殊表现，颜貌痛苦，吞咽时缩头伸颈，停顿，很不自然。

（6）敏感检查 用力压迫胸椎脊突和剑状软骨，或于鬐甲与网胃水平线上，双手将鬐甲皮肤捏成皱襞，病牛表现出敏感不安，并引起背部下凹现象，称为鬐甲反射阳性。

（7）疼痛试验 由于胸骨剑状软骨区的疼痛，因此用网胃叩诊法（用拳头叩击网胃）或剑状软骨区触诊法，可能获得阳性结果。最好用一根木棍通过剑状软骨区的腹底部猛然抬举，给网胃施加强大的压力，急性病例阳性反应明显。

（8）诱导反应 必要时，应用副交感神经兴奋剂，皮下注射，促进前胃运动，病情随之增剧，表现疼痛不安状态。

(9) 血象检查 白细胞总数增多，可达11 000～16 000。其中中性粒细胞增加45%～70%，淋巴细胞减少30%～45%，核型左移。结合病情分析，具有实际临床诊断意义。

(10) 全身机能状态 体温、呼吸、脉搏在一般病例无明显变化，但在网胃穿孔后，最初几天体温可能升高至40℃以上，其后降至常温，转为慢性过程，眼神无力，消化不良、病情时而好转，时而恶化，逐渐消瘦。当金属异物穿透网胃、膈达到心包时，金属异物对心包造成创伤，胃腔内病原菌感染心包膜，致使心包膜的壁、脏层感染后出现炎症反应，急性阶段为浆液性、纤维素性，随后转为化脓腐败性渗出。大量渗出物积聚心包腔内，使其内压增高，限制心脏舒张，致使静脉血回流受阻，心输出量减少，动脉压下降，形成全身性血液循环障碍，动物往往因心力衰竭及毒血症死亡，因此称为化脓性心包炎。

病情延误治疗或治疗不当，化脓性心包炎常常转为慢性缩窄性心包炎，其特征为：心包脏层与壁层上沉积着大量机化的纤维素，逐渐增厚，厚度达2～3厘米呈颗粒状或绒毛状纤维板，包裹心脏，限制心脏的舒张，静脉血回流受阻，心输出量减少，动脉供血减少，冠状循环供血不足，动物表现为行走缓慢，静脉怒张，中心静脉压升高至2 450～2 744帕，颌下及胸前水肿，病牛最终因心力衰竭而死亡。

由于金属异物穿刺网胃、刺损内脏和腹膜的部位不同所导致的炎症变化也不同，有的金属异物穿透网胃后，向右侧经瓣胃并刺入右侧胸壁处，引起局部化脓感染和瓣胃瘘；有的金属异物刺入肝脏引起肝脏脓肿；有的刺入肠壁而引起局部的感染和肠穿孔等。一般而言，这些损伤常发生急性局限性腹膜炎，体温轻度升高，脉搏增数，姿态异常，食欲减少，当异物被结缔组织包埋后，症状可能消退；若伴发急性弥漫性腹膜炎时，全身症状明显，常因全身脓毒败血症病情急剧发展和恶化。

【防治】本病治疗一般是用对症疗法和手术疗法，前者效果不明显，后者手术较麻烦。近年来，山东省农业科学院畜牧兽医研究所研制的强力取铁器配合磁笼，对防治牛创伤性网胃炎有明显效果。

取铁器的特点是磁性强度大，吸出率高、可将网胃中含铁异物取出。当网胃铁物取不尽或暂时取不出时，可向网胃投送磁笼。磁笼在网胃内持久地起作用，在胃蠕动配合下，可使含铁异物慢慢被吸入笼内而起治疗作用。同时磁笼又能随时将吃进去的含铁异物吸入。因此，投放磁笼可用于大群的预防。

取铁器是由钢丝导绳、塑料管和磁头组成。磁头借助于导绳和塑料管、在牛空腹和增加饮水的情况下投入网胃。磁笼是由磁棒和塑料间隔笼组成。在早上空腹时让牛多饮水，助手持鼻钳固定牛头，术者把食塑料管插到咽部，投入磁笼后抬高牛头，同时迅速拔出塑料管，留在咽部的磁笼即被牛吞下。

66. 如何治疗牛皱胃积食?

皱胃积食亦称为皱胃阻塞。主要由于迷走神经调节机能紊乱，皱胃内容物滞积、胃壁扩张、体积增大、形成阻塞，继发瓣胃秘结，引起消化机能极度障碍、瘤胃积液、自体中毒和脱水的严重病理过程，常常导致死亡。本病主要发于黄牛、水牛和乳牛，其中又以体质强壮的成年牛较为多见。

【症状】病的初期，前胃弛缓，食欲、反刍减退或消失，有的病例则喜饮水。瘤胃蠕动音减弱，瓣胃音低沉，肚腹无明显异常；尿量短少，粪便干燥，伴发便秘现象。

随着病情发展，病牛食欲废绝，反刍停止，肚腹显著增大，瘤胃内容物充满，腹部膨胀或下垂，瘤胃与瓣胃蠕动音消失，肠音微弱；常常呈现排粪姿势，有时仅排出少量糊状、棕褐色带有大量黏液的粪便，尿量少而浓稠，呈黄色或深黄色，具有强烈的臭味。

由于瘤胃大量积液，冲击性触诊，呈现波动。若用听诊器放置在左侧或右侧腰窝听诊。同时以手指轻轻叩诊，左侧倒数第一至第五肋骨弓，或右侧倒数第一二肋骨弓，即可听到叩击钢管清朗的铿锵音。因皱胃阻塞后体积增大，硬度增加而下沉，若对阻塞的皱胃进行穿刺，穿刺针可感到有阻力，回抽注射器，则抽不出内容物。须向皱胃内注入 30～50 毫升生理盐水后再回抽注射器内栓可抽出内容物，皱胃内容物测定，pH 为1～4。

重剧的病例，视诊，右侧中腹部向后下方局限性膨隆；触诊，以两手掌抵触右侧腹部肋骨弓的后下方皱胃区，进行冲击式触诊，可感触到皱胃体显著扩张的轮廓及坚硬度。

直肠内有少量粪便和成团的黏液，混有坏死黏膜组织。体形较小的黄牛，手伸入骨盆腔前缘右前方，瘤胃的右侧下腹区，能摸到向后伸展扩张呈捏粉样硬度的部分皱胃体。体型较大的牛直肠内不易触诊。

病牛精神沉郁，被毛逆立，污秽不洁，体温无变化，个别病例，中后期体温上升至40℃左右。重剧病例，心脏衰竭，脉微欲绝，心搏动达每分钟100次以上。血液常规检查见血沉缓慢，中性粒细胞增多伴有核右移，但有少数病例白细胞总数减少，中性粒细胞比率降低。

病的末期病牛精神极度抑郁，体质虚弱，皮肤弹力减退，鼻镜干燥，眼球下陷，结膜发绀，舌面皱缩，血液黏稠，呈现严重的脱水和自体中毒症状。

此外，犊牛和羔羊的皱胃阻塞，也同样具有部分的消化不良综合征，特别是犊牛，由含有多量的酪蛋白牛乳所形成的坚韧乳凝块而引起皱胃阻塞，持续下痢，体质瘦弱，腹部臌胀而下垂，用拳冲击式触诊腹部，可听到一种类似流水的异常音响。即使通过皱胃手术除去阻塞物，仍然可能陷于长期的前胃弛缓状态。

【病程及预后】皱胃阻塞，急性的较为少见，通常为慢性的病理发展过程。病程持续2～3周或更长。病情逐渐恶化，食欲、反刍完全消失，全身虚弱，常常左侧位卧地，不断呻吟，有时发出吭声。

继发于创伤性网胃腹膜炎的病牛，迷走神经受到严重损伤，反复发生瘤胃臌气，伴随皱胃和瓣胃的扩张、阻塞，以至麻痹；食欲完全废绝，显著消瘦。若不及时确诊，采取皱胃手术，取出阻塞的内容物，疏通胃肠道，则预后不良。

【诊断】皱胃阻塞的临床病征，多与前胃疾病、皱胃变位和肠阻塞的症状很相似，往往容易误诊。但皱胃阻塞病程发展到中后期，有其一定的特征，只需认真地进行瘤胃、网胃和肠道的检查，进行分析和论证，根据右腹部皱胃区局限性膨隆，在此部位用双手掌进行冲击式触诊便可感到阻塞皱胃的轮廓及硬度，这是诊断该病的最关键方法。在肷窝进行叩诊同时在肋骨弓进行听诊，呈现叩击钢管清朗的铿锵音，皱胃穿刺测定其内容物，pH 1～4，即可确诊，但须注意与下列疾病鉴别。

（1）前胃弛缓 前胃弛缓右腹部皱胃区不膨隆，触诊皱胃无异常。应用上述听诊结合叩诊方法检查，不呈钢管叩击音，两者鉴别不难。

（2）皱胃变位 皱胃变位病牛的瘤胃蠕动音低沉而不消失，并且从左腹肋至肘后水平线部位，可以听到由皱胃发出的一种高朗的叮铃音，或潺潺的流水音，同时通过穿刺内容物检查，在左侧倒数第 2 肋间的髋结节水平线用指叩诊结合听诊，可听到叩击钢管音等特征性音调，可以确定皱胃左方变位。至于皱胃扭转，则于右腹部肋弓后方进行冲击性触诊和听诊时，可呈现拍水音和回击音，结合临床症状分析，与本病也易鉴别。

【治疗】皱胃阻塞不通，应根据病情发展过程，着重消积化滞，防腐止酵、缓解幽门痉挛，促进皱胃内容物排除，防止脱水和自体中毒。严重病例，胃壁已经过度扩张和麻痹，必须采取手术疗法（见皱胃切开术）。

病的初期，皱胃运动机能尚未完全消失时，为了消积化滞、防腐止酵，可用硫酸钠 300～400 克，植物油 500～1 000 毫升，鱼石脂 20 克，95%酒精 50 毫升，常水 6 000～8 000 毫升，混合内服。但须注意病的后期发生脱水时，忌用泻剂。

为了改善中枢神经系统调节作用，促进胃肠机能，增强心脏活动，促进血液循环，防止脱水和自体中毒现象，可及时应用 10%氯化钠溶液 200～300 毫升，20%安钠咖溶液 10 毫升，静脉注射。当发生自体中毒时，可用撒乌安注射液 100～200 毫升，或樟酒糖注射液 200～300 毫升，静脉注射。发生脱水时，应根据脱水程度和性质进行输液。通常应用 5%葡萄糖生理盐水2 000～4 000 毫升，20%安钠咖溶液 10 毫升，40%乌洛托品溶液 30～40 毫升，静脉注射。必要时，应用维生素 C 1～2 毫升，肌内注射。此外，可适当地应用抗生素或磺胺类药物，防止继发感染。

必须指出，由于皱胃阻塞，多继发瓣胃秘结，药物治疗效果不好。因此，在确诊后，要及时施行瘤胃切开术，掏空瘤胃内容物，将胃管插入网—瓣胃孔，通过胃管灌注温生理盐水，冲洗瓣胃和皱胃，达到疏通的目的。

67. 如何诊疗牛皱胃炎？

皱胃炎是皱胃黏膜发炎引起的一种比较严重的消化不良症。常见于老年牛和体质衰弱的成年牛。

【病因】

（1）饲料粗硬，调理不当，饲料霉败或质量不佳；奶牛长期饲喂糟粕、豆渣或粉渣，营养不足，缺乏蛋白质和维生素；饲喂不定时，时饱时饥，突然变换饲料，放牧突然转为舍饲；体质衰弱，长途运输，惊恐等均影响消化机能，而导致皱胃炎的发生。

（2）中毒、前胃疾病、消化道疾病、代谢病、某地急性或慢性传染病等，均能促使真胃炎的发生和发展。

【症状】

（1）急性病例　精神沉郁，垂头站立，眼睑半闭，无神无力。被毛污秽、蓬乱，鼻镜干燥，结膜潮红、黄染。口腔黏膜被覆黏稠唾液，口腔内散发出难闻的气味。食欲减退或消失，有时磨牙，瘤胃轻度臌气。瘤胃收缩力微弱，次数减少；触诊右腹部真胃区，病牛有痛感。便秘，粪便干硬呈球状，表面被覆黏液。体温不高或降低。泌乳减少或停止。末期，病情急剧恶化，全身衰弱，精神极度沉郁，呈昏迷状态，甚至虚脱。

（2）慢性病例　病牛长期消化不良，异嗜。口腔内有黏稠唾液和黏液，舌苔白，散发干臭。粪便干硬呈球状。末期，体质虚弱，精神沉郁，有时呈昏迷状态。

【诊断】根据消化不良，触诊皱胃区敏感，眼结膜与口腔黏膜黄染，便秘等症状，必要时参照血液学检查，可初步诊断为皱胃炎。

【治疗】清理胃肠，抑菌消炎，晚期应强行输液，是本病的治疗原则。

病初，用硫酸镁或人工盐 500 克，温水 5 000 毫升内服。拉稀粪以后，用磺胺脒 60 克，碳酸氢钠粉 60 克，加水 500 毫升内服，每天 2 次，连服 5 天。病情严重者，及时用抗生素，同时还须用 5% 葡萄糖氯化钠注射液 2 000～3 000 毫升、20%安钠咖注射液 10～20 毫升，40%乌洛托品注射液 20～40 毫升静脉注射。

【预防】加强奶牛的饲养管理，饲料搭配要恰当、全面。禁止饲喂霉败或质量不佳的饲料。

68. 如何治疗牛皱胃溃疡?

皱胃溃疡是由于皱胃食糜的酸度增高，长期刺激皱胃，以致胃黏膜局部组织糜烂和坏死，或自体消化形成溃疡。多因伴发急性弥漫性腹膜炎而迅速死亡；呈现慢性消化不良时，无明显的临床症状。犊牛的皱胃溃疡多呈亚临床型。本病多发生于奶牛和肉用牛，小牛发病率更高。主要是由于饲料质量不良，管理不当引起或继发于一些其他疾病（如前胃病、口蹄疫、病毒性鼻气管炎等）。临床表现消化机能严重障碍，食欲减退，反刍停止；粪便含血，呈松馏油样。直肠检查，手臂上黏附类似酱油色糊状物。有的出现贫血症状，呼吸疾速，心率加快，脉搏细弱。继发胃穿孔时，具有腹膜炎症状，体温升高，腹壁紧张，可作为本病临床诊断上的参考。治疗原则是镇静止痛，抗酸止酵，消炎止血。

【处方 1】

（1）氧化镁 80 克，石蜡油 1 500 毫升，混合，一次胃管投服。

（2）磺胺二甲嘧啶 40 克，一次口服，每天 2 次，连用 5 天，首次量加倍。

（3）盐酸氯丙嗪注射液 400 毫克，止血敏 20 毫升，分别肌内注射，每天 1 次，连用 5 天。

【处方 2】

（1）氧化镁 80 克，长效磺胺 40 克，石蜡油 500 毫升，混合，一次口服，每天 1 次，连用 3～5 天，长效磺胺首次量加倍。

（2）30%安乃近注射液 25 毫升，一次肌内注射。

（3）止血敏15毫升，一次肌内注射，每天1次，连用3～5天。（注：也可用10%葡萄糖酸钙注射液600毫升或1%仙鹤草素）

【处方3】

（1）氧化镁80克，一次口服。

（2）安溴注射液100毫升，一次静脉注射。

【处方4】炒当归60克，赤芍80克，五灵脂60克，乌贼骨45克，蒲黄60克，香附60克，甘草40克，水煎，一次灌服。血虚加阿胶、枸杞，气虚加黄芪、白术，胃出血加白及。

【处方5】乌贼骨90克，浙贝45克，香附子30克，木香24克，丁香24克，红花30克，桃仁30克，延胡索30克，白芍45克研末，开水冲调，候温灌服。

69. 如何诊疗牛皱胃左方变位？

皱胃的正常解剖学位置改变，称为皱胃变位。变位分为3种类型：皱胃通过瘤胃下方移到左侧腹腔，置于瘤胃和左腹壁之间，称为左方变位；皱胃向前方扭转（逆时针），置于网胃和膈肌之间，称为前方变位；皱胃向后方扭转（顺时针），置于肝脏和右腹壁之间，称为后方变位。而大多数临床工作者将皱胃变位分为左方变位和右方变位2种类型，并且在习惯上把左方变位称为皱胃变位，把右方变位称为皱胃扭转。

皱胃左方变位叙述如下。

【病因】关于发病原因，目前有两种假说，一种认为由于皱胃弛缓所致，另一种认为由于皱胃机械性转移所致。

以皱胃弛缓作为左方变位的一种原因，其理由在于当皱胃伴有弛缓时，皱胃机能不良，形成扩张和充气，容易因受压而被迫游走，往往先游走到瘤胃左方，然后再移到瘤胃左上方。至于弛缓的原因，包括分娩期的努责，乳牛高产，脓毒性乳房炎或子宫炎所致的毒血症，瘤胃消化不良，过食高蛋白日粮引起胃酸过多而导致有溃疡或无溃疡的神经末梢损伤，以及生产瘫痪、酮病等代谢紊乱。

以皱胃机械性转移作为左方变位的假说，是从皱胃解剖学上与妊娠子宫和沉重的瘤胃之间关系的角度出发的。认为皱胃的正常位置之所以会改变，直接原因是子宫妊娠后其胎儿逐渐增大和沉重，并逐渐将瘤胃向上抬高及向前推移，皱胃趁机向左方移走，而当母牛分娩时，由于腹腔这一部分的压力骤然释去，于是瘤胃恢复原位而下沉，致使皱胃被压挤至瘤胃左方，置于左腹壁与瘤胃之间，同时也由于皱胃含有相当多的气体，很容易进一步跑到左腹腔的上方，有时还可从公牛配种和母牛发情而爬跨其他母牛时引起皱胃变位，进一步证实这种假说是可靠的。

两种假说都有各自的理论依据，并且在临床上也确实能证明具有发病意义，然而绝不应过度强调一面而忽视另一面，尽管可随动物不同具体条件而定，但弛缓这一原因始终是主要的。引起弛缓的原因很多，最有发病意义的是饲喂大量谷类日粮造成不饱和脂肪酸的蓄积。当瘤胃消化不良时，不饱和脂肪酸氢化不全，通过皱胃进入十二指肠，反射地导致皱胃弛缓。

【发病机制】正常牛的皱胃是在腹底部下方的瘤胃和网胃的右侧，只要皱胃向左侧越过腹部正中线以后，就很容易滑到左腹部，同时大网膜在瘤胃下方经过，把移位到左下腹部的皱胃包起来，并且由于皱胃含有相当多的气体，胃大弯向上扩张，很容易向上移到瘤胃前盲囊和网胃之间，最后定居在瘤胃背囊和左腹壁之间，有时向侧方移近脾脏，有时移到脾脏与瘤胃背囊之间。瓣胃、网胃、十二指肠和肝脏也被转动而变位。变位的皱胃被瘤胃和左腹壁所包围，部分地受压缩，于是皱胃内容物逐渐减少，运动力逐渐降低。其他各胃都伴有一定的轻度旋转，也影响食管沟的正常机能活动及食管沟的食物的通过。皱胃内容物中含有相当多的气体，是助长皱胃向腹腔上方移走的原因，但变位只造成皱胃的不完全阻塞，因此有一些内容物还可以进入到小肠，极少会发生严重的积食。然而由于皱胃能压迫瘤胃，加之病牛采食减少，致瘤胃体积逐渐缩小。再者陷落在左腹壁与瘤胃之间的皱胃并不发生血液供给障碍，而只发生消化和运动紊乱，导致营养不足。

【症状】本病较多发生于高产母牛，大多数发生在分娩之后，少数发生在产前三个月至分娩之间。本病一开始就表现出病牛食欲减少，偶尔个别病牛伴有严重的腹痛和腹部臌胀。食欲始终是逐渐地和

间断地变化，可能拒食各类饲料，或是逐日呈波动性地采食一些谷类饲料。在有些母牛中虽然呈现饥饿现象，但只采食几口就退回不食，青贮料的采食往往减少，大多数对粗饲料仍保留一些食欲。产乳量伴同采食量的变化而呈现波动性，可减少 1/3～1/2，但极少会急剧下降。通常粪便量减少，呈糊状，深绿色，往往呈现腹泻；腹泻时伴有正常的肠蠕动，或腹泻与便秘的交替，但所出现的便秘，极少持续 24 小时，在粪中很少见到潜血或明显的血液。大多数病例最终产乳量明显下降，瘦弱，腹围缩小。个别病例，产乳量还能维持正常水平。

仔细检查病牛颈部皮肤、乳汁或呼吸气息，可发现酮体气味。取尿样检查，可发现中度至重度酮尿。大多数病例，外表正常或轻度沉郁，有些病例可发现存在脱水现象。但另一些病例，由于产后体况良好，故在发病后也不致严重消瘦，在左腹壁最后三个肋弓区与右侧相对部位比较，往往呈现明显的膨大，但左侧腰旁窝下陷，这是由于皱胃插入在瘤胃与腹壁之间所致，同时右侧腰旁窝也明显下陷，这是由于皱胃已移到左腹之故。

大多数病牛，若无并发症，其体温、呼吸、脉搏数基本上正常，虽然瘤胃蠕动受抑制，但内容物极少完全积滞。由于瘤胃与腹壁之间被皱胃所隔绝，瘤胃蠕动音受抑制，或完全听不到。瘤胃每蠕动一次而引起皱胃产生一次相应的疼痛，这时病牛作出相应的踏步动作。又由于皱胃蠕动在时间上与瘤胃不同，因此可在左侧中部第 11 肋间听诊，能发现与瘤胃蠕动时间不一致的皱胃音。通常腹部没有明显疼痛，强力的叩诊也不会诱起疼痛，除非存在并发症。病程延长到几周者，则瘤胃变小，对体型较小的牛，直肠检查时能在瘤胃左方摸到皱胃，个别病例瘤胃呈现慢性臌气。

【诊断】早期诊断比较困难，因为呈现急性腹痛和拒食者总是极少数，且胃肠仍保留蠕动。应考虑与分娩有无联系，皮肤及呼吸气息有无酮体气味（必要时作尿酮检查）。粪便稀薄及腹泻，两侧腰旁窝均不饱满，而左侧最后三个肋间则显示膨大。确诊借左腹中部最后几个肋间的听诊（皱胃蠕动音）及叩诊（含气皱胃呈钢管音）。若在左侧倒数第 2～3 肋间处，一边叩诊一边听诊，若听到叩诊音为典型的钢管音者可诊断为皱胃左侧变位。用听诊与叩诊相结合的方法，可一直叩打至左腹肋部，视有无从皱胃音过渡到瘤胃音。必要时可作该区穿刺检查，若胃液呈酸性反应（pH1～4），棕褐色，缺乏纤毛虫等，可证明为皱胃变位。此外尿中酮体呈显著阳性反应及直肠检查发现瘤胃背囊明显右移，而背囊的外侧部压力降低，亦可作为诊断的参考。然而，有时在诊断时必须与原发性酮病和创伤性网胃炎相区别。原发性酮病有其饲料原因，对葡萄糖的治疗能立即见到良好反应。创伤性网胃炎在站立或运动时，可表现特殊姿势，胸壁疼痛和白细胞总数及分类检查有诊断意义。

【治疗】 有两种方法用于治疗，即滚转法和手术疗法。前者疗效不确实，运用巧妙时可以痊愈。其方法是先使母牛呈左侧横卧姿势。后再转成仰卧式（背部着地，四蹄朝天），随后以背部为轴心，先向左滚转45°，回到正中，再向右滚转45°，再回到正中（共90°的摆幅）。如此来回地左右摇晃约3分钟，突然停止在右侧横卧姿势，再转成俯卧式（胸部着地），最后使之站立，检查复位情况。如尚未复位，可重复进行。应用此法时，事先使病牛饥饿数日，并限制饮水。因为在病的进行阶段，使瘤胃变得越小，其成功率越高。经过90°摆幅的反复摇晃，使瘤胃内容物逐渐向背部下沉，并逐渐移向左侧腹壁，同时皱胃由于含有大量气体，也一起摇晃，上升到仰卧中的腹底上方，最后逐渐移向右侧面而复位。对于变位已久，特别是皱胃已和腹壁或瘤胃发生粘连时，必须采取手术疗法。

手术疗法采取左侧腹壁切开，放气、排液、减压、整复及右侧腹壁作皱胃固定术，其操作方法如下：

（1）术前准备 对瘤胃积液过多的牛应先进行导胃减压，对有脱水和电解质紊乱的牛应进行补液和纠正代谢性碱中毒。

（2）保定与麻醉 六柱栏内站立保定，速眠新麻醉注射液1.5～2.0毫升肌内注射，3%盐酸普鲁卡因腰旁神经传导麻醉。

（3）切口定位 左肷部前切口。

（4）手术方法

①切开腹壁显露皱胃：切开皮肤20～25厘米，依次切开皮肌、腹外斜肌、腹内斜肌、腹横肌和腹膜。用牵开器开张创口，于创口稍

前方可显露臌气积液的皱胃。

②作皱胃预置固定线：用2米长的10号缝合线于皱胃的大弯上作第1个浆肌层水平纽扣缝合，距第1个水平纽扣缝合线4～5厘米处再缝合第2个、第3个水平纽扣缝合线。3个水平纽扣缝合线的线尾用止血钳暂时固定在创巾上。

③皱胃放气、排液减压：在皱胃大弯上先做一个荷包缝合线，线尾不抽紧，在线圈中央切开皱胃，迅速向皱胃腔内插入直径8～10毫米的灭菌乳胶管，抽紧荷包缝合线，乳胶管另一端放低，排出皱胃内液体和气体，使皱胃减压，便于整复。气体和液体排完后，抽出排液管抽紧荷包线，消毒后准备整复。

④在右侧腹壁上穿系皱胃固定线整复皱胃：术者手持皱胃壁上的预置固定线线尾，经瘤胃下方绕到右侧腹腔，确定该预置缝线与右侧腹壁相对应位置后，用手指在腹内向外推顶，指示助手在右腹壁的对应处剃毛、消毒和局部浸润麻醉，并对皮肤作一个1厘米的小切口。助手用止血钳经皮肤小切口向腹腔内戳入，使止血钳端进入腹腔，与此同时，术者手指在腹腔内保护戳入腹内的止血钳钳端，以防损伤腹内脏器。术者指示助手开张止血钳，在助手开张止血钳的同时，术者将线尾送入止血钳的钳嘴内，并命令助手钳夹缝合线，一旦正确夹上缝合线后，命令助手缓缓牵引，将缝合线拉出体外，但暂不拉紧，然后在距第一根固定线皮肤出口处的4～5厘米处再作第二个皮肤小切口并按同法引出第二根固定线及第三根固定线。

三根固定线都引出体外后，术者手退入左肷部腹腔内，用手推送皱胃经瘤胃下方进入右侧腹腔，与此同时，助手提起三根固定线，同时用力向腹外牵拉，使皱胃在推送和牵拉的配合下复位。术者用手检查三根固定线拉紧后是否缠绕上肠管或网膜，皱胃复位是否正常。若固定线缠绕上肠管应当放松固定线，解除其缠绕后再拉紧。总之，在确信皱胃复位正常、固定线对内脏无缠结的情况下，指示助手拉紧三根固定线，在三个皮肤小切口内打结。打结方法是，先在皮肤小切口内各放入一根长1.5厘米烟卷粗的无菌纱布卷，将线结打在纱布卷上，剪去线尾，皮肤小切口缝合1～2针，到此皱胃已牢固地固定在右侧腹底壁上。

⑤闭合左肷部前切口：腹膜、腹横肌连续缝合，腹内斜肌、腹外斜肌间断缝合，皮肤结节缝合。

(5) 术后护理 术后4～6天内，使用抗生素，纠正脱水和代谢性碱中毒，使用抗生素和氢化可的松以控制炎症的发展，使用兴奋胃肠蠕动药，以恢复胃肠蠕动，可适当应用缓泻剂，以清除胃肠内滞留的腐败内容物。只要精心护理其手术治愈率很高。

70. 如何诊疗牛肠便秘？

肠阻塞主要是由于冬季长期饲喂单一的豆秸、麦秸等粗纤维多的秸秆饲料，刺激肠管，使肠道运动和分泌机能降低导致肠迟缓所引起，是牛冬春季节的常见病。肠迟缓导致粪便积滞称肠便秘。牛的肠便秘与饲养和劳役不当有关。山东农业大学动物医院对85例牛便秘手术统计，结肠便秘占47.9％，十二指肠便秘占32.9％，空肠便秘占17.6％，回肠便秘占2.3％，盲肠便秘较少发生。

十二指肠便秘以髂弯曲与乙状弯曲多发，第三段发生较少。便秘点如小鸡蛋大小，阻塞物多为纤维球、毛球或粪球。阻塞部前方肠管高度臌气积液。

空肠便秘偶有发生，阻塞物多为粪球、纤维球或毛球形成。回肠在进入盲肠的回盲口处，有时发生套叠。

结肠便秘多位于结肠旋袢的中曲部，其次为结肠袢末端，便秘点由鸭蛋到鹅蛋大小，多为粪性阻塞。

盲肠便秘常在盲结口，盲肠积粪其体积增大，且盲肠尖下垂而进入盆腔内。

由于肠弛缓是肠便秘的基础，因此病牛同时伴有肠弛缓现象。

本病一般见于成年牛，并以老年牛发病率较高。

【病因】 牛肠便秘通常由于饲喂甘薯藤、豆秸、花生秸、棉秆和稻草等粗纤维饲料所致。由于这些富含纤维素的粗饲料最先导致肠道的兴奋刺激，随后引起肠运动和分泌减退，最终引起肠弛缓和肠积粪，特别在连续饲喂粗纤维饲料而又重度劳役和缺乏饮水时，更能助长便秘的发生。因此在农忙季节的耕牛亦可发生肠便秘。乳牛肠便秘

虽不常见，若长期饲喂大量浓质饲料而使肠道负担过重时，由于原先伴有肠弛缓，就可发展为肠便秘。新生犊牛也可因分娩前的胎粪积聚，以致在出生后发现肠便秘。其他如在腹部肿瘤、某些腺体增大、肝脏疾病导致胆汁排除减少等情况下，亦可见之。母畜临近分娩时，因直肠麻痹，容易导致直肠便秘。

【症状】 病初腹痛是轻微的，但可呈持续性；病牛两后肢交替踏地，呈蹲伏姿势；或后肢踢腹；拱背，努责，呈排粪姿势。腹痛增剧以后，常卧地不起。病程延长以后，腹痛减轻或消失，卧地和厌食，反刍停止。鼻镜干燥，结膜呈污秽的灰红色或黄色。口腔干臭，有灰白或淡黄色舌苔。通常不见排粪，频频努责时，仅排出一些胶冻样团块。直肠检查，肛门紧缩，直肠内空虚，有时在直肠壁上附着干燥的少量粪屑。耕牛便秘大多数发生于结肠，因此直肠检查须注意结肠袢的状态。有些病例，在便秘的前方胃肠积液积气，应注意对积液积气肠段后方的肠段检查。

病的后期，病牛眼球下陷，可视黏膜干燥，皮肤弹性下降，目光无神，腹围增大，鼻镜干裂，机体抵抗力很差，卧地后起立困难，心脏衰弱，心律不齐，脉搏快弱。对右腹部进行冲击式触诊有明显振水音。用叩诊器对右腹部肠臌气积液肠段叩诊，可出现明显的金属音调。病程一般 6～12 天，若不治疗大多以脱水和虚脱而死。

【诊断】 诊断该病应抓住以下诊断要点：

便秘病牛一般表现不吃食、不反刍、不排粪；不时作排粪姿势，但仅仅排出一些胶冻样的白色黏液性团块；病牛右腹围增大，对右腹部用拳头进行冲击式触诊可出现振水音，用叩诊器叩诊右腹部可出现明显的金属音调。再结合病史，有腹痛现象及直肠检查结果，进行综合分析，可以确诊病牛发生了肠便秘。但有时须与瘤胃积食、皱胃阻塞、瓣胃梗塞进行鉴别诊断。

【治疗】 早期可以应用镇痛剂，随后作通便、补液和强心治疗。

通便治疗是在补液的基础上投予硫酸镁或硫酸钠及皮下注射小剂量新斯的明（0.02 克），灌服硫酸钠 500～800 克，配成 8%浓度，经 3～4 小时再灌服食盐 250 克，水 25 000 毫升，10～14 小时就可使便秘通畅。然而，这种疗法必须在便秘确诊的基础上才可进行。结肠便秘还可采用温肥皂水 15 000～30 000 毫升深部灌肠。对顽固性便秘，可试用瓣胃注入石蜡油 1 000～1 500 毫升。

实践证明，用药物治疗一般疗效较差，特别是在投入大量盐类或油类泻剂后，可进一步增加胃肠内渗透压，使腹围进一步扩大，加重脱水。也有个别的病牛经投服泻剂后而排下便秘块，但随之继发严重的肠炎而加重脱水致中毒而死亡。

在临床实践中，若经直肠检查发现了便秘点后也可在直肠内破结。值得重视的是牛的肠壁较薄，在破结时应考虑到肠壁有无破裂的可能，只要坚持谨慎仔细地隔肠按压，大多数可获良好的效果，但直肠内发现便秘肠段的概率较低，凡是经直肠检查无法找到便秘点的病例，应采取果断地措施，不失时机地进行手术。

71. 如何治疗牛皱胃右方变位？

皱胃右方变位即皱胃顺时针扭转。变位的特征是皱胃转到瓣胃的后上方位置上，从而置于肝脏和腹壁之间，呈现亚急性扩张、积液、臌胀、腹痛、碱中毒和脱水等幽门阻塞综合征。

【病因】发病原因与皱胃左方变位相同，认为由于皱胃弛缓所致。如饲喂大量谷物、冬季舍饲而缺乏运动和分娩应激等，但其发生不限于妊娠或分娩的母牛。至于其他可疑原因，如冬季采食根部带有大量泥土的饲料或迷走神经性消化不良等，但还未完全被证实。

【发病机制】急性扭转通常呈 180°～270°，在瓣胃和皱胃孔附近以垂直平面旋转，从右侧看来是顺时针方向，并导致幽门完全阻塞，皱胃有盐酸分泌增加和液体积聚，随后发生休克、脱水及碱中毒。亚急性扭转时，有少量内容物可以通过幽门部，积液和扩张的程度比较轻，不妨碍皱胃的血液供给，碱中毒和脱水的发生也相对地比较慢。

也可向右前方呈逆时针方向扭转到瓣胃前上方，而将皱胃置于网胃与膈之间。此病实属皱胃扭转，因其皱胃位置还是在右腹部，故称为皱胃右方变位。

【症状】急性病例，突然发生腹痛，蹴踢腹部，背下沉，呈蹲伏姿势。心跳增至 100～120 次/分钟，体温偏低或正常，瘤胃蠕动缺

乏，粪便可呈黑色，混有血液。通常粪量中等，但也可大量腹泻。由于皱胃充满气体和液体，右腹（皱胃）和左腹（瘤胃）臌胀，作冲击性触诊和震摇，可听到一种液体振荡音。通常在发病3～4天，右侧腹部呈明显的臌胀，将听诊器紧密地压在右侧腰旁窝内，并同时在腰旁窝至前方最后二肋上以手指叩打，能听到一种高调的乒乓音或钢管音。直肠检查，由于扩张的皱胃可伸到最后肋弓之外，能在右侧腹部触摸到臌胀而紧张的皱胃，而皱胃将肝脏向腹正中线推移。轻度扭转或伴有扩张，都可出现酮尿，尿量减少，尿色深黄，严重的病例还常伴有重度脱水、休克和碱中毒。轻度扭转时，病程可达10～14天，但严重扭转而呈急性者，病程较短，可在2～3天内死亡，有时由于皱胃高度扩张，以致发生大网膜撕裂及皱胃破裂和突然死亡。

【诊断】皱胃右方变位由于幽门阻塞而引起皱胃臌气和积液，因此右侧最后肋弓及肋弓后方明显的臌胀，通过右侧腰旁窝的听诊、叩诊、冲击式触诊和震摇，可以证实皱胃呈顺时针方向扭转。也可通过直肠检查，摸到扩张而后移的皱胃。若有怀疑，还可进行穿刺术，按皱胃液的特征核对诊断。然而有时须与皱胃阻塞、皱胃左方变位、原发性酮病、胎儿水肿、盲肠扭转等区别。皱胃阻塞时，扩张的皱胃不是在右侧肋弓上1/2部位，更不会进入到右腹胁部，震摇时也不会发现液体震荡音。皱胃左方变位时虽亦呈现酮尿，但臌胀部位是在左侧最后三个肋骨的中部，两侧腹部腰旁窝均不臌胀，且大多数呈亚急性或慢性，腹泻可能也是其特征之一，在左侧最后三个肋间，叩诊时结合用听诊器听诊，出现类似钢管音。腹部臌胀亦以该区最为明显，该区穿刺可以确诊。原发性酮病时，腹壁检查皱胃无异常，对葡萄糖治疗有良好反应。胎儿水肿时，可在后腹腔摸到臌胀的子宫。盲肠扭转、肠套叠时均可通过直肠检查加以确诊，且都比皱胃小。皱胃扭转常导致碱中毒和低血钾。

【治疗】采用手术疗法。手术方法如下：

(1) 术前准备 保定与皱胃左侧变位方法相同。

(2) 麻醉 速眠新注射液1.5～2.5毫升肌内注射，右肷部作腰旁神经传导麻醉。

(3) 切口定位 右肷部中切口，切口长20～25厘米。

(4) 手术方法 切开皮肤，依次切开腹外斜肌、腹内斜肌、腹横肌和腹膜。打开腹腔后，常常从切口内流出较多的淡红色腹水，腹水中常混有纤维素絮块，表明皱胃扭转后发生炎性渗出。遇此情况，在作腹腔探查时应详细、仔细和谨慎，以防扭转的部位破裂。

探查皱胃，术者手伸入腹腔内，寻找皱胃，判明其皱胃变位的方向及严重程度，若皱胃鼓气积液，可先在皱胃壁上作荷包缝合，在线圈中央切开并插入导管后，抽紧荷包缝合线，通过导管放出皱胃内积液及积气。待皱胃内减压后，拨出导管抽紧荷包缝合线，然后整复皱胃。为防止整复的皱胃再度变位，可在皱胃大弯上作2～3个水平纽扣缝合线并在右侧腹壁上固定，其缝线引出腹壁的方法可参考皱胃左侧变位的皱胃固定线引出法。

闭合腹壁切口及术后护理要点参考皱胃左侧变位。

72. 如何诊疗牛肠套叠？

牛肠套叠是一段肠管伴同肠系膜套入邻接的肠管中，导致局部血液循环障碍、瘀血、肠管粘连，狭窄和坏死，称肠套叠，不及时解决，则数天内死亡。牛的肠套叠多见于空、回肠交界部。

【病因】

(1) 多发于犊牛，多由于母乳浓稠或变质，犊牛大口吃乳而引起消化不良。

(2) 吃入冰冻饲料。

(3) 成年牛或犊牛有严重腹泻而肠蠕动过强。

【症状】一般突然不安、踢腹、不断起卧、伸腰并后肢下蹲。若肠管瘀血坏死时则因局部麻痹而腹痛减轻，不安停止。但病牛精神委顿、虚弱。当肠炎及肠坏死时有体温升高。若后部小肠套叠则不久排粪会停止，直肠中常停留有少量松馏油状之粪便或浓稠黏液。直肠检查，有时可触及一段似香肠的块状物（即套叠处），有时不一定能触及到病灶，但可感到部分肠管空虚，部分肠管臌气（肠变位扭转时也如此）。

【治疗】

(1) 加强饲养管理。

（2）轻度套叠者可通过深部灌肠及加强运动而自行消失。

（3）大部分均不太可能自愈，而通常需进行手术切除套叠部，行肠管再接术。

73. 如何诊疗牛肠扭转？

肠扭转是某一段肠管本身伴同肠系膜呈索状扭转的一种肠纵轴扭转，常造成肠管闭塞不通。

【病因】

（1）动物体位突然改变（如跌滑、爬跨等）。

（2）局部肠管弛缓及麻痹。

【症状】病牛出现腹痛不安，后肢踢腹，背下沉，反复起卧，头频频回顾腹部，走路小心，肩部和前腹肌肉发抖。初期频排粪，以后停止。直肠检查有时可触及扭转部，其扭转部前段常因肠管含大量液体及气体呈明显臌胀，而其后段细软而空虚。但扭转、套叠、真胃扩张难以确诊，可行剖腹探察及手术治疗。

【治疗】

（1）腹痛发作时肌内注射30%安乃近40毫升。

（2）尽早确诊并立即进行手术治疗，以纠正扭转。若局部瘀血，坏死严重，则进行肠切除术。

74. 如何诊疗奶牛胃肠炎？

胃肠黏膜及黏膜下层组织的炎症称胃肠炎。临床上以腹痛、腹泻、发热和消化紊乱等为特征。发病原因是饲料霉变、饲养失调、饮水不洁、风寒感冒等。另外，中毒及某些病毒、细菌、寄生虫等均可导致本病发生。

【症状】病牛精神沉郁，食欲不振，有时废绝；反刍停止，磨牙，呻吟，渴感增加，肠音亢进；粪稀如水，里急后重，或排出量少而恶臭的粪便，有多量黏液附于表面或混于其中，个别粪便带血或腥臭。

【预防】 加强饲养管理，搞好环境卫生及疾病预防工作。禁止饲喂腐败、冰冻、发霉饲料。精粗饲料要合理搭配和调制，不易消化的饲料应铡短碾碎。饲喂要定时、定量，防止饥饱不匀；防止暴饮或空腹饮用大量的冰水。保证牛舍通风干燥、空气新鲜、光线充足。给出生后的犊牛及时饲喂初乳。发现病情，及时治疗。

【治疗】 治疗原则是清理肠胃，抑菌消炎，补液、强心、解毒。让病牛安静休息，勤饮清洁水，彻底绝食2～3天，每天输注葡萄糖生理盐水以维持营养。

(1) 清理胃肠 排除有毒物质，减轻炎性刺激，缓解自体中毒。一般内服液状石蜡500～1 000毫升或植物油500毫升，鱼石脂10～20克，加水适量。也可内服硫酸钠或人工盐。

(2) 抑菌消炎 轻症的胃肠炎，可内服0.1%高锰酸钾溶液3～4升，每天1～2次，也可内服磺胺脒20～30克，每天1～2次，或黄连素2～4克，每天分3次服。或用紫皮大蒜5～10头，捣成蒜泥，加水1～2升，1次内服。口服链霉素，也能收到良好效果，1次3～5克，每天2～3次。也可静脉注射四环素1～2克。为防止吸附胃肠的毒素，可内服萨罗尔10～20克，或活性炭100～150克，每天2次；矽炭银40～60克，每天2～3次。当粪稀似水、频泻不止且粪臭味已没有时，应及时止泻，可用鞣酸蛋白30克，次硝酸铋30克，木炭末200克，碳酸氢钠40克，加水适量，1次内服。也可内服磺胺脒40克，木炭末200克，碳酸氢钠40克，加水适量，1次内服。

(3) 补液强心解毒 补液是治疗胃肠炎的重要措施之一，兼有强心解毒作用。5%葡萄糖生理盐水2 000毫升，10%维生素C注射液20毫升，40%乌洛托品50毫升混合后1次静脉注射；或用5%葡萄糖生理盐水150毫升，碳酸氢钠500毫升，20%安钠咖液20毫升，1次静脉注射。也可用复方氯化钠液1 000毫升，25%葡萄糖液500毫升，20%安钠咖液20毫升，5%氯化钙液100毫升，混合后1次静脉注射。此外，对有明显腹痛的病畜，可应用镇痛剂；当症状基本消除时，可内服各种健胃剂，以促进胃肠机能恢复。

75. 如何治疗牛拉稀?

因饲养场户对牛过饲冰冷草料，或气候突变、饲养失宜，或天气炎热，劳役过度，口温过饮冷水，或草料霉败不洁，或因寄生虫病，中毒病均可引起发病。牛拉稀大致可分以下5种。

(1) 霉菌性拉稀　牛饲喂发霉饲料极易引起霉菌性胃肠炎。病牛精神萎靡，食欲减退，反刍减少甚至停止，持续拉稀，粪便恶臭，混有泡沫、黏液和血液，但体温不升高，使用各种抗菌剂治疗无效。

【治疗】每次可灌服0.9%食盐水2 500～4 000毫升，每天2～3次，同时供给新鲜青绿多汁饲料。重者需静脉注射5%葡萄糖氯化钠注射液1 000～3 000毫升、维生素C 2～4克。

(2) 中毒性拉稀　牛饲喂过酸的青贮料、酒糟，易引起瘤胃酸中毒。病牛精神沉郁，结膜呈淡红色，食欲减退甚至废绝，目光呆滞，步态蹒跚，后肢踢腹。严重者卧地不起，磨牙呻吟，肌肉颤抖，呈昏迷以至虚脱状。初期排灰色稀粪，继而转为绿色泡沫状水泻，如不及时治疗最后便血死亡。

【治疗】取石灰50～100克，加水1 000～1 500毫升，充分搅拌静置沉淀5～10分钟，取上层清液，一次灌服，每天3次，连用2～3天。重症者需静脉注射10%葡萄糖酸钙注射液200～400毫升。

(3) 不洁性拉稀　牛由于采食污物、污水，极易引起细菌性胃肠炎。病牛精神沉郁，体温升高，食欲、反刍减少甚至废绝，持续拉稀，初期排粪如喷射状，后期排粪乏力，粪中混有泡沫、黏液和血液。

【治疗】可用大蒜60克，捣碎，加适量水灌服，每天3次；严重时肌内注射氟苯尼考，每千克体重每次10毫克，配合内服磺胺嘧啶，首次量每千克体重0.2克，维持量为0.1克，每天2次。

(4) 草食性拉稀　牛采食过多的刚萌芽的嫩草或青料，导致胃肠功能失调而引起下泻，粪便稀薄呈青绿色，病牛精神、食欲良好，体温正常。

【防治】轻者只需饲喂适量干草或稻草，控制嫩草和青料的采食量，即可康复。重者可取生姜50～75克，捣碎炒熟，加白酒50～100毫升，一次灌服，每天3次，连服2～3天可愈。

(5) 过劳性拉稀 耕牛过冬后体质消瘦，开春后突然负重役，则筋骨和脏腑均易受伤。表现为整日卧地，疲惫乏力，食欲减少或废绝，长期持续拉稀，粪中混有泡沫、黏液和血液，但体温不升高。

【防治】可取苏木50～75克，水煎候温，加入切碎的鲜铁树叶50～75克，一次灌服，每天3次，连服3～5天可愈。

76. 如何诊疗牛支气管肺炎?

支气管肺炎也叫小叶性肺炎，是支气管和肺小叶群同时发生的炎症。

【病因】

(1) 受寒感冒，饲养管理不善，过劳等使机体抵抗力降低，容易受到病菌的侵害。

(2) 常继发于支气管炎。

(3) 吸入尘埃，霉菌孢子和刺激性气体，如浓烟、氨气、硫化氢等。

(4) 继发于许多传染病和寄生虫病，如流行热、肺结核、口蹄疫、肺丝虫病、蛔虫病等。

【症状】病初呈支气管炎的症状，但其全身症状重剧。病牛精神沉郁，食欲减退或废绝，结膜潮红或发绀。体温升高达39.5～41℃，弛张热型。脉搏增数，呼吸加快，40～60次/分，混合性呼吸困难。胸部听诊，病灶部肺泡呼吸音减弱或消失，可听到捻发音、支气管呼吸音、干啰音或湿啰音；健康部肺泡呼吸音增强。胸部叩诊可出现小片浊音区，通常多在肺脏的肩前叩诊区出现。

【防治】治疗原则是消炎、制止渗出、祛痰止咳、促进渗出物吸收，加强饲养管理，增强牛机体抵抗力及对症治疗。

(1) 青霉素100万～200万单位，肌内注射，每天2～3次。病重，可同时用青霉素100万单位，溶解后加复方氯化钠液或5%葡萄糖生理盐水500毫升，静脉滴注。链霉素2～3克，肌内注射，每天

2 次。

(2) 葡萄糖氯化钠注射液 1 000 毫升，10%磺胺嘧啶注射液 200 毫升，混合后静脉注射，每天 2 次，连用 3～5 天。

(3) 呼吸困难时，用 0.3%过氧化氢生理盐水 500～1 000 毫升，静脉注射。

(4) 防止肺水肿、毒血症及代谢性酸中毒，适时使用利尿合剂：10%葡萄糖 500 毫升、3%氨茶碱 70 毫升、20%安钠咖 20 毫升、10%维生素 C 30 毫升、5%盐酸普鲁卡因 10 毫升、氢化可的松 60 毫升，混合后静脉注射。

(5) 中药麻杏石甘汤，麻黄 15 克、杏仁 30 克、石膏 10 克、生甘草 30 克、知母 30 克、黄芩 50 克、二花 40 克、连翘 30 克、元参 40 克、麦冬 40 克、桔梗 30 克，共研细末，开水冲调，候温灌服。

第四章　牛的常见外科病

77. 如何修补牛豁鼻？

豁鼻是由于穿鼻位置选择不当、钝性磨损、切割、撕裂、感染等所引起的鼻缺损。本病主要发生在青壮年牛、役用牛，尤其是性情执拗的水牛。

（1）手术准备　手术器械主要是：手术刀、缝合针（人用大号圆形和三角形针）、缝合线（或尼龙线）、持针钳、止血钳、镊子、针头等。使用前对接触手术的器械、物品、手术者双手，在75%乙醇、消毒桶中进行消毒。

（2）手术操作

①保定：由5～6人先在已打扫干净的空平地上对豁鼻牛用两根粗软圆绳条拴在牛脚，使用双环套法，一人握紧尾巴，一人握住头绳同时用力，将豁鼻牛放倒，四肢脚绑在一起悬空，使牛不能着地用力，将牛角固定在地面上，头向上，两角朝下贴地压住。

②手术：一是消毒，对豁鼻牛患部用清水冲洗干净，干后用碘酊将牛鼻患部消毒，再用75%酒精消毒。二是操作，用手术刀将豁鼻上下鼻削割。操作方法：先将豁鼻牛上鼻，由内向外斜形削平，削平后再对该豁鼻牛下鼻，由外向内斜形削平，手术操作关键要领是上下内外倾斜度正反合拢匀称。三是缝合，在豁鼻牛患处用缝合线（或尼龙线）首先在牛鼻中间缝第一针，再左右分别结节缝合，每针用力拉紧。缝合完后在患部用75%酒精擦干净再用止痛膏贴在患部，接着在止痛膏四角缝固定。使用止痛膏的目的一是止痛膏有黏性、具有抗菌消炎作用，可防止牛舔脱。二是可防止蝇蚊叮咬而引起发炎感染。

（3）手术护理　对豁鼻牛手术后肌内注射广谱抗感染类药物如青霉素、链霉素各200万～400万单位。牛舍内保持干净、干燥、通

风，一般术后7～9天拆除止痛膏、拆线，再用75%酒精药棉消毒。拆线后一个星期即可重新给牛上鼻环。

78. 牛常见的穿刺术有哪些?

牛常见的穿刺术有腹腔穿刺术、瘤胃穿刺术、瓣胃穿刺术、血肿（脓肿、淋巴外渗）穿刺诊断术和心包穿刺术。

(1) 腹腔穿刺术　用于诊断胃肠破裂、内脏出血、肠变位、膀胱破裂；利用穿刺液的检查判断是渗出液还是漏出液；经穿刺放出腹水或向腹腔内注入药液治疗某些疾病。

①穿刺部位：牛在右侧膝与最后肋骨之间连线的中点处。

②穿刺部剪毛、消毒，用14～20号针头垂直皮肤刺入，当针透过皮肤后，应慢慢向腹腔内推进针头，当针头出现阻力骤然减退时，说明针已进入腹腔，腹水经针头流出。用于诊断性穿刺，当腹水流出后立即用注射器抽吸。如果用于放出腹水时，使用针体上有2～3个侧孔的针头穿刺,可防止大网膜堵塞针孔。术毕,拔下针头用碘酊消毒术部。

(2) 瘤胃穿刺术　用于治疗急性瘤胃臌气和向瘤胃内注入药液。

①术部：牛在左侧肷窝部，即左侧髋结节向最后肋骨所引的水平线的中点，距腰椎横突10～12厘米处。严重的瘤胃臌气可在肷窝臌胀明显处进行穿刺。

②方法：穿刺部剪毛消毒，用手术刀在穿刺部的皮肤上作一0.5厘米的皮肤小切口，然后用穿刺针经小切口，向右侧肘头方向迅速刺入10～12厘米，固定针头，气体可经针头放出来，直至将瘤胃内过多气体排净。为防止复发，可向瘤胃内注入5%克辽林200毫升或15%～20%的鱼石脂酒精150～200毫升。穿刺过程中如果穿刺针发生阻塞，可用套管针芯插入疏通。穿刺完毕，拔针时紧压穿刺处皮肤，迅速拔针。间隔一定时间需第二次穿刺时，不可在第一次穿刺孔中进行。

(3) 瓣胃穿刺术　用于牛瓣胃秘结（百叶干）时的注药治疗。

①部位：在右侧第9～11肋骨前缘与肩端水平线交点的上方或下方2厘米范围内，一般以第9肋间为好。

②方法：站立保定，术部剪毛消毒。用15～20厘米长的瓣胃穿

刺针，与皮肤垂直并稍向前下方刺入10～12厘米的（针头透过肋间后再向左侧肘头的方向刺入），刺入瓣胃后有硬、实的感觉，连接注射器，先注入30～50毫升生理盐水，并迅速回抽，如回抽的液体混浊并带有草渣，证明刺入正确，即可进行瓣胃内注射下列药物：25%～30%硫酸钠溶液300～500毫升，或10%温盐水2 000毫升，注药完毕，用注射器将针体内液体全部打入瓣胃后迅速拔针，术部用碘酊消毒。

（4）血肿、脓肿、淋巴外渗的穿刺诊断术

①血肿的穿刺诊断：血肿是因皮下组织、肌肉组织内血管破裂所形成，形成的很快，肿胀迅速增大，呈现明显的波动感或饱满有弹性，4～5天后，肿胀周围呈坚实感且有捻发音，中央有波动，局部增温，穿刺可排出血液，在穿刺前局部剪毛、消毒，用14～16号穿刺针于血肿肿胀最明显处刺入血肿深部，针头内可流出血液，新发生的血肿可流出鲜红色新鲜血液，4～5天后，血肿流出污黑色血液，陈旧性血肿穿刺仅能流出淡黄色血清或抽不出液体。

②脓肿的穿刺诊断：穿刺之前对术部剪毛、消毒，用灭菌14～16号注射针头，于脓肿肿胀最明显处穿刺，已成熟的脓肿于波动最明显处穿刺，深在性脓肿于皮肤最紧张、敏感处穿刺。当针头进入脓腔后即可从针头内流出脓汁，当脓汁过分黏稠时穿刺排不出脓汁，此时应拔出穿刺针观察针孔内有无脓汁附着。脓肿尚未成熟时禁忌穿刺，以防感染扩散。

③淋巴外渗的穿刺诊断：穿刺部位为淋巴外渗隆起最明显处。局部剪毛、消毒后，用14～16号针头经皮肤刺入囊腔内，即可从针孔内流出橙黄色稍透明液体，或混有少量的血液，穿刺液内有时混有纤维素块。穿刺完毕，拔下针头消毒穿刺孔以防感染。

④膀胱穿刺术：对因尿道阻塞引起的急性尿潴留，经膀胱穿刺可暂时缓解膀胱的内压，防止内压过大而继发膀胱破裂；膀胱穿刺采集尿液进行检验。

A. 穿刺部位：直肠内进行穿刺，首先温水灌肠排净直肠内蓄粪，用带针头的30～40厘米长的胶管进行穿刺。针头在膀胱体穿刺，而不在膀胱顶部穿刺。

B. 穿刺方法：牛在六柱栏内站立保定。膀胱穿刺需在直肠内穿

刺。术者右手持针头带入直肠内，用手感觉膀胱的轮廓，于膀胱体部进行穿刺，穿刺针经直肠壁、膀胱壁进入膀胱内，手在直肠内固定针头，以防针头随肠蠕动而脱出，连接针头的胶管在肛门外，即可见到尿液排出，穿刺完毕拔下针头，消毒术部。

（5）心包穿刺术　心包穿刺术用于诊断创伤性心包炎，放出心包内渗出液和向心包内注入药物以控制心包内感染。

①保定：大家畜六柱栏内站立保定，左前肢向前方牵引伸展，充分暴露肘头内侧心区。小动物侧卧保定，左前肢向前方伸展。

②术部：穿刺部位在左侧第四肋间隙，胸外静脉上方，或肘头水平线与第四肋间隙交点处，局部剪毛、消毒。

③穿刺针及药品准备：用采血针，直径1.0～1.5毫米的聚乙烯塑料管，0.1%新洁尔灭、生理盐水、青霉素等。

④穿刺方法：在穿刺术部用手术刀切一个0.5厘米的皮肤小切口。穿刺针经皮肤小切口垂直刺入，经肋间肌、胸膜、心包壁而刺入心包腔内，针头一旦进入心包腔内，即可经针头向外排出心包液，采集心包液进行检验。若牛患创伤性心包炎，可在心包腔内留置引流管，其操作方法如下：针头进入心包腔内，固定针头，用聚乙烯塑料管经针头向心包腔内插入15～20厘米，此时腐败性心包液可经塑料管端流出，术者用左手固定塑料管，右手拔出穿刺针头，塑料管即留置在心包腔内。心包腔长期引流和向心包腔内注入药物都可经塑料管完成，这样减少了反复对心包穿刺的操作。

79. 什么是导尿法与子宫冲洗法？

（1）导尿法　是指用于排空膀胱内积尿和采集尿样进行尿液检验的一种方法。

①母牛导尿法：导尿前清洗母牛外阴部，并用70%酒精棉球消毒阴门。导尿管有金属导尿管和医用乳胶导尿管，导尿管用75%酒精或0.1%新洁尔灭消毒后，外表涂灭菌石蜡油。导尿时右手持导尿管送入母牛阴道内，导尿管前端与右手食指并齐，拇指和食指捏住导管，中指探查尿道外口。尿道外口位于阴道前庭的腹面，一个黏膜皱

褶的稍前方凹陷处，其底部有一个稍隆起的尿道外口。中指探查到尿道外口后，拇指和食指将导管插入到尿道外口内，并缓慢向里推送。遇到阻力，不可硬插，应将导尿管向后倒退一下或改变一下导尿管的插入方向再试图插入，一旦导尿管经尿道外口进入尿道后，都会容易地插入膀胱内，尿液也就随之流出来了。

②公牛导尿法：根据公牛的种类和体型大小选择粗细合适的导尿管进行导尿。公牛可用直径 2～2.5 毫米的绢丝导尿管或聚乙烯导管进行导尿；导尿前应对导尿管进行消毒，将公牛的阴茎从包皮口牵引出来，用0.1%新洁尔灭清洗，用75%酒精消毒尿道外口，导尿管端涂灭菌石蜡油或抗生素软膏后，经尿道外口插入尿道内。公牛阴茎有乙状弯曲部，故应将阴茎向外牵引使乙状弯曲部拉直，导尿管才能通过乙状弯曲部。待导尿管插入到尿道骨盆部时，助手用手在坐骨弓处隔皮肤向里按压导尿管端，术者顺势将导尿管向里推送入膀胱内，此时尿液从导尿管内流出。

(2) 子宫冲洗 子宫冲洗用于治疗子宫内膜炎、子宫积脓、牛胎衣不下、胎衣腐败等疾病。

①器械与药品：冲洗子宫的器械有子宫冲洗器或普通橡皮管、塑料管；药品有 0.05%～0.1% 的雷佛奴尔溶液、0.1% 碘溶液、0.05%～0.1%高锰酸钾溶液、生理盐水、青霉素、链霉素等。

②冲洗方法：先清洗和消毒母牛的外阴部，术者持导管插入母牛阴道内，触摸到子宫颈后，将导管经子宫颈口插入子宫内，导管另一端连接漏斗或注射器向子宫内灌注消毒药液。然后放低导管，用虹吸法导引出灌入的药液，如此反复几次的灌入和吸出，可使子宫内的积脓、胎衣碎片等物质清洗干净。最后用青霉素 160 万～320 万单位溶于生理盐水溶液 150～200 毫升灌入子宫内，不再放出，以控制和消除子宫的炎症。

80. 哪些疾病需要做瘤胃切开术？如何手术？

(1) 下列几种情况下需要做瘤胃切开术

①严重的瘤胃积食，经保守疗法治疗无效。

②创伤性网胃炎或创伤性心包炎，进行瘤胃切开取出异物。

③胸部食管梗塞且梗塞物接近贲门者，进行瘤胃切开取出食管梗塞物。

④瓣胃梗塞、皱胃积食，做瘤胃切开后进行胃冲洗治疗。

⑤误食有毒饲料、饲草，且毒物尚在瘤胃中滞留，手术取出毒物并进行胃冲洗。

⑥网瓣胃孔角质爪状乳头异常生长者，可经瘤胃切开拔除。

⑦网胃内结石、网胃内有异物如金属、玻璃、塑料布、塑料管等，可经瘤胃切开取出结石或异物。

⑧瘤胃或网胃内积沙。

（2）手术方法

①术前准备：有严重瘤胃臌气者，通过胃管放气或瘤胃穿刺放气等减轻瘤胃臌气；对伴有严重水、电解质平衡紊乱和代谢性酸中毒者，术前应给予纠正；对进行胃冲洗者，应准备瘤胃内双列弹性环橡胶排水袖筒、温盐水及导管等。

②麻醉：采用局部浸润麻醉或椎旁、腰旁神经传导麻醉。

③保定：一般采用站立保定，不能站立的动物，可进行右侧卧保定，但易发生胃内容物污染腹腔。

④术部：根据手术目的选择在左肷部不同的部位。A. 左肷部中切口是瘤胃积食的手术通路，一般体型的牛还可兼用于网胃探查、胃冲洗和右侧腹腔探查术。B. 左肷部前切口适用于体型较大病牛的网胃探查与瓣胃梗塞、皱胃积食的胃冲洗术。必要时可切除最后肋骨作为肷部前切口。C. 左肷部后切口为瘤胃积食兼做右侧腹腔探查术的手术通路。

⑤术式：按常规切开左肷部腹壁。然后固定与隔离瘤胃，方法有多种，根据情况选用。

A. 瘤胃浆膜肌层与皮肤切口创缘的连续缝合固定与隔离法：a. 固定瘤胃。显露瘤胃后，用三角缝针带10号丝线做瘤胃浆膜肌层与皮肤切口创缘之间环绕一周的连续缝合，针距为1.5～2厘米，每缝一针都要拉紧缝合线，使瘤胃壁与皮肤创缘紧密贴附在一起，固定瘤胃壁的宽度为20～25厘米。缝毕，检查切口下角是否严密，必要时做补充缝合。b. 预置牵引线：用三角缝针带10号丝线，在瘤胃预切开线两侧通过瘤胃壁全层各做3个水平纽扣缝合，缝针再在距同侧皮肤创缘10～12厘米的皮肤上缝合，暂不抽紧打结。在瘤胃切开线周围和牵引线下方用温生理盐水纱布垫隔离。c. 瘤胃切开与黏膜外翻固定：瘤胃切口长度为15～20厘米。在切开线上先用外科刀切一小口，慢慢放出瘤胃内气体，改用手术剪扩大瘤胃切口。在瘤胃切开后，助手将切口创缘两侧的预置牵引线抽紧打结，使瘤胃黏膜外翻。d. 放置防水洞巾：洞巾由边长70厘米的正方形防水材料（如橡胶布、油布、塑料布）制成。洞孔直径15厘米，洞孔弹性环是用弹性胶管或弹性钢丝缝于防水洞孔边缘制成的。应用时，将洞巾弹性环压成椭圆形后塞入胃腔内。将洞巾四角拉紧、展平，并用巾钳固定在隔离巾上，准备掏取瘤胃内容物和进行胃腔探查。该方法隔离严密，对瘤胃切口和皮肤切口的机械性损伤较少。适用于大量瘤胃内容物取出和瘤胃冲洗的病例，并可用于侧卧保定的动物。

B. 瘤胃六针固定和舌钳夹持黏膜外翻法：a. 瘤胃固定。显露瘤胃后，在切口上下角与周缘，用三角缝针带10号丝线，穿过皮肤创缘与瘤胃浆膜肌层做6针钮孔状缝合，打结前应在瘤胃与腹腔之间，填入浸有温生理盐水的纱布，然后再抽紧缝合线，使瘤胃壁紧贴在腹壁切口上。胃壁固定后，在瘤胃壁和皮肤切口创缘之间，填以温生理盐水纱布，以保护胃壁和皮肤创缘。b. 胃壁切开：先在瘤胃切开线的上1/3处切开胃壁，并立即用两把舌钳夹住壁的创缘，向上、向外拉起，防止胃内容物外溢。然后用剪扩大瘤胃切口，并用舌钳钳夹、牵拉胃壁创缘，将胃壁拉出腹壁切口并向外翻，随即用巾钳将舌钳柄夹住，固定在皮肤和创布上，瘤胃切口套入橡胶洞巾。该方法操作简单，但需要有良好的保定与麻醉，动物较安静。适用于瘤胃内容物较少，或不需要取出胃内容物的网胃探查和异物取出的病例。

C. 瘤胃缝合胶布固定法：显露瘤胃后，用一中央带有长方形孔洞（6厘米× 15厘米）的塑料布或橡胶洞巾，将瘤胃壁浆膜肌层与长方形孔的4个边连续缝合，使长方形孔边缘紧贴在瘤胃壁上，形成一个隔离区。于瘤胃壁和洞巾下填塞大块生理盐水纱布，将橡胶洞巾4个角展平固定在切口周围，在长方形孔中央切开瘤胃。本方法适用

于胃壁向外牵拉有困难的病例，如严重的瘤胃积食，胃壁紧张而不易向外牵拉。

⑥处理病变及异常：瘤胃切开后即可对瘤胃、网胃、网瓣胃孔、瓣胃及皱胃、贲门等部位进行探查，并对各种类型的异常进行处理。

⑦胃壁缝合：用生理盐水冲净附着在瘤胃壁上的胃内容物和血凝块。拆除纽孔状缝合线，修整瘤胃壁创口边缘，在瘤胃壁创口进行自下而上的全层连续缝合，缝合要求平整、严密，防止黏膜外翻或外露。用生理盐水再次冲洗胃壁浆膜上的血凝块，并用浸有青霉素、盐酸普鲁卡因溶液的纱布覆盖在已缝合的瘤胃创缘上，拆除瘤胃浆膜肌层与皮肤创缘的连续缝合线。与此同时，助手用灭菌纱布抓持瘤胃壁并向腹壁切口外牵引，以防当固定线拆除后瘤胃壁向腹腔内陷落。再次冲洗瘤胃壁浆膜上的血凝块，除去遗留的缝合线头及其他异物后，准备瘤胃壁的第二层伦勃特氏缝，此阶段由污染手术转入无菌手术。手术人员重新洗手消毒，更换无菌器械，对瘤胃进行连续勃贝特氏或库兴氏缝合。

⑧术后护理：术后禁食36～48小时以上，待瘤胃蠕动恢复、出现反刍后，开始给以少量优质的饲草。术后12小时即可进行缓慢的牵遛运动，以促进胃肠机能的恢复。术后不限饮水，对术后不能饮水者应根据动物脱水的性质进行静脉补液。术后4～5天内，每天使用抗生素，如青霉素、链霉素。术后还应注意观察原发病消除情况，有无手术并发症，并根据具体情况进行必要的治疗。

81. 如何给牛做皱胃切开术？

（1）保定与麻醉　左侧卧保定，两前肢和两后肢分别拴系固定在柱栏的立柱上，前肢的肩下和头部用草垫垫好，以减少其摩擦和压迫，用速眠新进行全身麻醉，术部进行局部浸润麻醉。

（2）切口定位　牛的右侧肋弓下斜切口。

（3）手术方法　于术部切开皮肤显露腹黄筋膜，切开腹黄筋膜显露腹直肌，对手术切口上的血管进行贯穿结扎，对腹直肌进行钝性分离。显露腹横肌膜和腹膜，切开腹横肌膜和腹膜显露皱胃。将浸有生理盐水的灭菌纱布，填塞于腹壁切口和皱胃壁之间以防切开皱胃后皱胃内容物污染创口，然后用灭菌塑料布或灭菌橡胶布在皱胃预定切开线的周围缝合固定，缝合时用弯圆针或直圆针仅穿过皱胃壁的浆肌层，展开橡胶布，用巾钳固定在隔离创巾上。

切开皱胃，塞入橡胶洞巾。切开皱胃后，对皱胃口创缘的出血可用结扎法进行止血，用手指伸入切口区，掏出靠近皱胃切口内的积粪，然后再套入橡胶洞巾，手持胃导管端伸入皱胃内，另一端连接漏斗向皱胃内灌入等渗温盐水，一边向内灌水，一边用手指松动皱胃内硬结的积粪，必要时术者手抓持导管端，进入胃腔内，对准皱胃的阻塞处冲洗，这样被冲散的皱胃内容物随水自皱胃切口内流出，直至将整个皱胃内容全部冲净为止。

皱胃阻塞的病牛经常继发瓣胃梗塞，若对瓣胃内容物不除去，瓣胃则下垂压迫空虚的皱胃，可造成皱胃的压迫性阻塞。因此，凡有瓣胃阻塞的情况，在皱胃内容物冲洗排空的基础上，术者手持导管端经瓣皱胃孔进入瓣胃内，清除瓣胃叶片间隙中干涸的胃内容物。冲洗时不要打通网瓣胃孔，否则瘤胃内大量液状内容物经瓣皱胃孔及皱胃切口向体外倾泻，病牛常可发生急性虚脱而预后不良。

(4) 胃壁缝合　对已遭受机械性损伤的皱胃壁创缘作部分切除，是预防皱胃瘘后遗症的有效措施。

用7号丝线对胃壁先作一层连续康乃尔式全层缝合，拆除胃壁上橡胶洞巾，除去填塞纱布，用生理盐水冲洗清拭胃壁，再进行连续伦勃特缝合，经缝合后皱胃壁可能会有轻度充血，但生命力良好。胃壁涂以抗菌药油膏，还纳腹腔内，关腹。

(5) 术后护理　术后使用抗菌药4～6天，常用下列处方进行治疗：

含糖盐水3 000～4 000毫升、青霉素1 000万～1 800万单位、氢化可的松注射液300～500毫克、维生素C 1.5～2.0克，静脉注射一天一次。

庆大霉素60万～80万单位，肌内注射，每天2次，连用4～6天；地塞米松25～50毫克，肌内注射。为促进胃肠功能的恢复，术后可适当使用新斯的明注射液4～25毫克，肌内注射，还可在术后经

口灌服液体石蜡油 500～1 000 毫升，以通肠润便。给予健胃剂以促进食欲的恢复。皱胃疾病的恢复是一个缓慢的过程，只要坚持有效合理地用药，预后良好。

82. 如何进行牛肠断端吻合术？

肠断端吻合术：首先切除坏死肠管，肠切除线应在病变部位两端 5～10 厘米的健康肠管上，近端肠管切除范围应更大些。展开肠系膜，在肠管切除范围上，对相应肠系膜作 V 形或扇形预定切除线，在预定切除线两侧，将肠系膜血管进行双重结扎，然后在结扎线之间切断血管与肠系膜。在预定切除肠管线两侧钳夹无损伤肠钳，距健侧肠钳 5 厘米处切断肠管，切断肠管的断面应尽量多保留肠系膜侧肠壁，并注意结扎肠系膜侧三角区内出血点。

助手扶持并合拢两肠钳，使两肠断端对齐靠近，检查拟吻合的肠管有无扭转。首先在两断端肠系膜侧与对肠系膜侧距肠断缘 0.5～1.0 厘米处，用 1～2 号丝线将两肠壁浆膜肌层或全层作一 25 厘米长的牵引线，使两肠断端对齐便于缝合。

用直圆针对两肠断端的后壁在肠腔内由对肠系膜侧向肠系膜侧作连续全层缝合，连续缝合接近肠系膜侧向前壁折转处，将缝针自一侧肠腔黏膜向肠壁浆膜刺出，而后缝针从另侧肠管前壁浆膜刺入，复而又从同侧肠腔内黏膜穿出，自此，用康乃尔缝合前壁，至对肠系膜侧与后壁连续缝合起始的线尾打结于肠腔内。

完成第一层缝合后，用生理盐水冲洗肠管，手术人员洗手消毒，转入无菌手术。第二层用间断伦巴特缝合前、后壁。系膜侧和对肠系膜侧两转折处，必要时可作补充缝合。撤去肠钳，检查吻合处是否符合要求，最后间断或连续缝合肠系膜游离缘。

83. 如何进行疝修补术？

疝又称赫尼亚（Hernia），是家畜常见的外科病。临床上较常见的有腹壁疝、脐疝和阴囊疝。

(1) 疝的组成及分类 疝由疝轮（环）、疝囊、疝内容物构成。疝轮为体壁上的天然孔或病理性孔道。疝轮大小不一，陈旧性疝的疝轮多为增生的结缔组织，疝轮光滑而增厚。疝内容物为腹腔内脏器，如胃、肠、肠系膜或网膜等。疝囊为包围疝内容物的囊壁，又分为两层，外层为皮肤，内层为肌纤维、结缔组织和腹膜构成，疝囊的大小由疝内容物的多少所决定。

根据疝内容物能否还纳入腹腔内，又将疝分为可复性疝、粘连性疝和嵌闭性疝。

(2) 疝的手术适应证 新发生的或陈旧性的可复性疝，有逐渐增大趋势者，应尽早进行手术修补；粘连性疝已影响到胃肠蠕动而出现消化障碍时；临床上已确定为嵌闭性疝，应立即进行手术。

(3) 保定与麻醉 将患畜进行侧卧或后躯半仰卧保定，将位于上方的后肢充分屈曲，以绳索栓于系部，然后向跟结上方呈8字形缠绕4～6次后，将绳栓于跖部中央，再利用另一根绳，将该肢向后外方固定。可采用速眠新全身麻醉，术部配合局部浸润麻醉。

(4) 手术方法

①术部准备：术部剃毛、清洗、消毒后，用创巾进行术部隔离。可复性疝在疝囊中央部作一梭形皮肤切口。粘连性皮肤囊切口要大于疝轮。

②切口：按预定梭形切口，切开皮肤，沿切口两侧分离皮下结缔组织，直至疝轮周围，充分显露结缔组织囊。经充分止血后，在疝囊无粘连处作皱襞，小心切开疝囊。

③检查：用手指自小切口内伸入囊内，探查有无粘连，然后用手术剪扩大疝囊切口，显露疝内容物和增生肥厚的疝轮情况，并决定缝合方法。疝轮的缝合是疝修补术的成败关键。陈旧性疝轮已纤维瘢痕化，组织肥厚而硬固，采用间断水平外翻纽扣缝合法，闭合疝轮。在此闭合的基础上，必须切除疝轮缘的增生纤维化瘢痕组织，使疝轮形成新鲜创面，并在修整后的疝轮上作间断缝合。

④疝囊的修整与缝合：为加强疝轮缝合后的牢固性，可将一侧疝囊的纤维性结缔组织囊壁拉向疝轮的一侧，使其紧紧盖住已缝合的疝轮，并将囊壁缝在疝轮的外围，同法将另一侧的囊壁按相反的

方向覆盖在疝轮外面，并将其缝在疝轮外围。也可将多余的结缔组织囊壁切除，然后对两侧创缘进行间断缝合。

⑤皮肤囊修整与缝合：切除多余的皮肤囊，进行间断缝合，消毒后，打结系绷带。

(5) 术后护理与治疗　手术后的牛脐疝消失，术后4～5天内，每天上、下午应用青霉素、链霉素肌内注射，以预防术部的感染，术后1～12天拆除缝合线。

84. 清创术手术操作有哪些步骤?

切除污染创面要由外向内，由浅入深，逐步进行，并使切除过的新鲜创面不再污染，这是清创术中预防感染的重要环节之一。

(1) 首先用浸有过氧化氢液的灭菌纱布块或脱脂棉覆盖创口，然后剪除创围被毛。剪毛范围要在创围20～25厘米处。用肥皂水清洗创缘周围皮肤，最后剃净被毛。用3%碘酒、75%酒精消毒，铺盖消毒巾，准备清创。

(2) 用大量盐水冲洗创口，并用纱布、棉球清拭创内污染物。对皮肤的处理原则是，切除已坏死的创缘皮肤，但尽量保存有活力的部分，以免缝合时张力过大，并考虑创缘对合整齐。边缘不整的创缘应尽量切修整齐。

坏死污染而不出血的皮下组织，都要切除干净，直到健康出血部为止。撕裂创剥脱皮瓣上的皮下组织，要彻底切除。小而深的创伤，在切除创缘和皮下组织后，要沿创口的纵轴方向或被毛方向切开皮肤与皮下组织，扩大创口，以便进行深部组织清洗。

(3) 深筋膜的破碎和污染部分，必须全部切除，并按原皮肤切口方向切开筋膜。目的在于显露全部创腔，充分解除深层组织的张力。深筋膜切开是否充分，是清创术能否有效地解除深层组织张力的关键问题之一。因而，如果必要时，可作深筋膜十字形或双十字形切口，使深筋膜彻底松弛。

(4) 坏死的肌肉应切除。凡肌肉呈暗红色，用钳镊夹之无收缩，或用刀切割而不出血，都是已坏死的肌肉，应予切除，一直切至出血时为止。坏死肌肉切除不彻底，极易造成厌气杆菌（气性坏疽、破伤风）繁殖和发病的条件。如有碎骨片或异物，应尽量取出。

（5）血管、神经和肌腱的损伤，应根据具体情况分别处理。最后用灭菌生理盐水轻轻冲洗创腔，清除一切细小的异物、血凝块和组织碎片，彻底止血。清创后是否进行初期缝合，应根据病畜局部污染程度、伤后经过时间、清创彻底程度、术后护理条件等考虑决定。这些因素中只有时间因素较为恒定，其他因素都有较大幅度的变动。大体上在伤后8小时内得到清创处理，可作初期连续或间断缝合，8～24小时内得到清创处理，以定位缝合加引流或仅作引流，争取延期缝合较为合适，24小时清创的仅作引流，争取延期缝合。胸、腹壁透创，虽在24小时以上得到清创处理，术后仍应考虑初期缝合或定位缝合加引流。

（6）创腔内有神经、血管、肌腱、骨骼暴露时，即使不做初期缝合，也要用邻近肌瓣将这些组织覆盖，并作简单的定位缝合，或8字形缝合，以防暴露特殊组织发生坏死或感染，造成不良后果。但绝不应缝合深筋膜，以防深部组织肿胀时其张力得不到解除，并影响引流。

（7）可做初期缝合的创口，如因皮肤缺损较多不能直接缝合，或勉强缝合后张力过大时，可在距原创口一侧或两侧5～6厘米处，作等长的减张切口，缝合原创口。减张切口可以根据情况直接缝合。不能做初期缝合的创口，用盐水纱布疏松的引流。引流物要深入到创腔深部各个死角，但不要起填塞作用。较长的创口可在两端缝合2～3针，使创口缩小，有利于创面的对合、愈合，并争取延期缝合。

（8）颈部与前后肢上部软组织中，深厚强大的肌群发生开放性创伤，若创腔深广，经清创后应在创腔的低位做反对口引流。方法是在创底用止血钳于两肌之间分离，直达创口附近低位引流的欲作反对口。切开欲作反对口的皮肤、皮下组织和深筋膜，使原创腔与反对口交通，将引流物由原创口引到反对口。此法既可减少血管、神经的损伤，又能获得良好的引流。

85. 如何诊治牛休克？

休克不是一种独立的疾病，而是神经、内分泌、循环、代谢等发生严重障碍时在临床上表现出的症候群。其中以循环血液量锐减，微循环障碍为特征的急性循环不全，是一种组织灌注不良，导致组织缺氧和器官损害的综合征。

在外科临床，休克多见于重剧的外伤和伴有广泛组织损伤的骨折、神经丛或大神经干受到异常刺激、大出血、大面积烧伤、不麻醉进行较大的手术、胸腹腔手术时粗暴的检查、过度牵张肠系膜等。所以，要求外科工作者对休克要有一个基本的认识，并能根据情况，有针对性地加以处理，抢救和保护家畜生命。

【症状】通常在发生休克的初期，主要表现兴奋状态，这是畜体内调动各种防御力量对机体的直接反应，也称为休克代偿期。动物表现兴奋不安，血压无变化或稍高，脉搏快而充实，呼吸增加，皮温降低，黏膜发绀，无意识地排尿、排粪。这个过程短则几秒钟即能消失，长者不超过 1 小时，所以在临床上往往被忽视。

继兴奋之后，动物出现典型症状，如精神沉郁、食欲废绝、不思饮食、家畜反应微弱，或对痛觉、视觉、听觉的刺激全无反应，脉搏细而间歇，呼吸浅表不规则，肌肉张力极度下降，反射微弱或消失，此时黏膜苍白、四肢厥冷、瞳孔散大、血压下降、体温降低、全身或局部颤抖、出汗、呆立不动、行走如醉，此时如不抢救，能招致死亡。

待休克完全确立之后，根据临床表现，诊断并不困难。但必须了解，休克的治疗效果取决于早期诊断，待患畜已发展到明显阶段，再去抢救，为时已晚。若能在休克前期或更早地实行预防或治疗，不但能提高治愈率，同时还可以减少经济上的损失。但理论上强调的早期诊断的重要意义，在实际临床要做到很困难，首先从技术上早期诊断要有丰富的临床经验，另外在临床上遇到的病例，往往处于休克的中、后期，病畜已到相当程度，抢救已十分困难了。为此兽医人员必须从思想上认识到任何重病，都不是静止不变的，都有其发生发展的过程，对重症患畜要十分细致，不断观察其变化，对有发生休克可疑的病畜要早期预防，确认已发生休克时，积极采取措施抢救。

【诊断】现将临床检查和生理生化测定指标作为休克的诊断和不断评价患畜机体对疾病应答反应的能力，作为预防和治疗的依据。

（1）外观检查 首先了解患畜机体血液循环状况，在临床上除注意结膜和舌的颜色变化之外，要特别注意齿龈和舌边血液灌流情况。通常采用手指压迫齿龈或舌边缘，记录压迫后血流充满时间。在正常情况下血流充满时间是小于1秒，这种办法只能测定微循环的大致状态。

（2）摸脉搏 休克病畜脉搏微弱或不感于手。

（3）测定体温 除某些特殊情况体温增高之外，一般休克时低于正常体温。特别是末梢的变化最为明显。

（4）呼吸次数 在休克时，呼吸次数增加，用以补偿酸中毒和缺氧。

（5）心率 是很敏感的参数，在大家畜心率超过110次/分，是预后不良的标志。

（6）心电图检查 心电图可以诊断心律不齐、电解质失衡。酸中毒和休克结合能出现大的T波。高血钾症是T波突然向上、基底变狭、P波低平或消失，ST段下降，QRS幅宽增大，PQ延长。

（7）观察尿量 肾功能是诊断休克的另一个参数。休克时肾灌流量减少，当大量投给液体，尿量能达正常的2倍。

（8）测定有效血容量 血容量的测定，对早期休克诊断很有帮助，也是输液的重要指标。

（9）测定血清钾、钠、氯、二氧化碳结合力和非蛋白氮等对诊断休克有一定价值。

以上的临床观察和生理、生化各种指标的测定，可能帮助诊断休克、确定休克程度和作为合理治疗的依据，所有的参数都需要反复多次，才能得到正确的结论。

【治疗】休克是一种危急症，治疗人员必须分秒必争，认真抢救。因为各种休克的起因不同，必然各有其特点。败血性休克时微循环阻滞和代谢性酸中毒比其他休克更为严重。心源性休克则以心收缩力减

退最为突出。创伤性休克时，体内分解特别旺盛，组织破坏严重，加以渗血、溶血、组织内凝血酶释出，更容易发生播散性血管内凝血。低血容量性休克，体液丢失较多，要求补充血容量等。在治疗上，要抓住主要矛盾，对患畜的血液动力学和血液化学的变化作具体分析。低血容量性、创伤性休克，应以补充血容量，增加回心血量为主。中毒性休克，在补充有效循环血量的同时，应注意纠正酸中毒，为了使血液分布从异常向正常转化，要使用解痉扩血管药来解除微循环阻滞。心源性休克则应以增强心肌收缩力、防止心律紊乱为主，辅之以补充有效循环血量的疗法。

掌握休克的共同性和特殊性，熟悉各种休克矛盾发展的阶段性，正确处理局部和整体的关系，就能使休克得到较为妥善的处理。休克的治疗方法如下：

（1）消除病因　要根据休克发生的不同原因，给以相应的处置。如为出血性休克，关键是止血，只有止好血才能预防休克的发生，终止其发展，并能巩固休克纠正后的成果。当然在止血的同时也必须迅速地补充血容量。如为中毒性休克，要尽快消除感染原，对化脓灶、脓肿、蜂窝织炎要切开引流。马、牛的急腹症（肠扭转、肠阻塞、肠箝闭等）情况就比较复杂了，休克可能由强烈的疼痛而引起，也可能是继发于中毒性休克，为了消除原因应尽快施行手术，但应了解手术过程本身就是个强的刺激，在休克患畜没有得到纠正之前，急忙进行手术，往往不会有好的结果。事先必须调整水和电解质平衡和酸碱平衡，补充血容量，改善心脏机能，争取尽快施行手术，方能解除造成休克的根本原因，挽救病畜。

（2）补充血容量　在贫血和失血的病例，需要输给病牛全血。还要根据需要补给血浆、生理盐水或右旋糖酐等。这样做既可防止携氧能力不足，又能降低血液黏稠度，改善微循环，新鲜全血中含有多种凝血因子，可补充由于休克带来的凝血因子不足。

在休克当中，血清蛋白从血管或消化管大量丢失，腹膜炎、大面积烧伤和出血也能丢失大量血浆，补充血浆在兽医临床上是较好的清蛋白来源。右旋糖酐能提高血浆胶体渗透压，是血浆的良好的代用品，它还能产生中等程度的利尿作用，但在手术切口部位或其他损伤区域，会有毛细血管出血的倾向。低分子右旋糖酐在治疗中毒性休克时很有作用，它使微循环内血液黏稠度减低，使凝聚的红细胞分散开，从而改善微循环血管内血液淤滞状态，有疏浚微循环和扩充血容量的效用。

休克病畜补充电解质还是十分重要的。早期休克乳酸钠、复方氯化钠列为首选，因为它比较接近体液离子浓度，性质稳定。但在严重休克时，能使乳酸值升高，一般不采用。

葡萄糖溶液主要提供能量，减少损耗，若大量补充不含电解质的葡萄糖液，会导致血内低渗状态，使细胞水肿，故用量应加以限制。

补充血容量的指标使体内电解质失衡得到改善，表现在病情开始好转，末梢皮温由冷变温，齿龈由紫变红，口腔湿润而有光泽，脉搏变得有力，心率减慢，排尿量逐渐增多等。

中心静脉压对输液量能有一定指导意义。在输入大量液体后，中心静脉压逐渐升高是全身情况好转的标志。

(3) 改善心脏功能 当静脉灌注适当量液体之后，患畜情况没有好转，中心静脉压反而增高，应该增添直接影响血管和强心的药物。当中心静脉压高、血压低，为心功能不全的表现，采用提高心肌收缩力的药物，β-受体兴奋剂如异丙肾上腺素和多巴胺是应选药物。多巴胺除加强心肌收缩力外，还有轻度收缩皮肤和肌肉血管、选择性肾血管扩张的作用，在抗休克中有其独特的作用。

洋地黄能增强心肌收缩，减慢心率，在休克的早期很少需要洋地黄支持，于长期休克和心肌有损伤时使用。

大剂量的皮质类固醇，能促进心肌收缩，降低周围血管阻力，有改善微循环的作用，并有中和内毒素的作用，较多用于中毒性休克。

中心静脉压高，血压正常，心率正常，是容量血管（小静脉）过度收缩的结果，用 H_1 受体阻断药如氯丙嗪，可解除小动脉和小静脉的收缩，纠正微循环障碍，改善组织缺氧，从而使休克好转，适用于中毒性休克、出血性休克。使用血管扩张剂，要同时进行血容量的补充。

(4) 调节代谢障碍 休克发展到一定阶段，矫正酸中毒十分重要，纠正代谢性酸中毒可增强心肌收缩力；恢复血管对异丙肾上腺

素、多巴胺等的反应性；除去产生播散性血管内凝血的条件。从根本上改变酸中毒主要是改善微循环的血流障碍，所以应合理地恢复组织的血液灌注，解除细胞缺氧，恢复氧代谢，使积聚的乳酸迅速转化。

轻度的酸中毒给予生理盐水，中度酸中毒则须用碱性药物，如碳酸氢钠、乳酸钠等，严重的酸中毒或肝受损伤时，不得使用乳酸钠。

患畜的补钾问题，要参考血清钾的测定数值，并结合临床表现，如肌无力、心动过速、肠管蠕动迟缓而定，因为血钾的测定只能说明细胞外液的浓度，对细胞内液钾的情况的了解必须结合临床。对休克尚未解除的患畜，而同时又无尿的，多数钾量偏高，不要造成人为的高血钾症。

外伤性休克常合并有感染，因此在休克前期或早期，一般常给广谱抗生素。如果同时应用皮质激素时，抗生素要加大用量。

休克病畜要加强管理，指定专人护理，使家畜保持安静，要注意保温，但也不能过热，保持通风良好，给予充分饮水。输液时使液体保持同体温相同的温度。

86. 如何诊治牛蜂窝织炎？

在疏松结缔组织内发生的急性弥漫性化脓性炎症称为蜂窝织炎。它常发生在皮下、筋膜下及肌间的蜂窝组织内，在其中形成浆液性、化脓性和腐败性渗出液并伴有明显的全身症状。

【病因】引起蜂窝织炎的病原菌主要是溶血性链球菌，其次为金黄色葡萄球菌、大肠杆菌、厌氧菌及其他链球菌等，少见几种菌混合感染。

一般是经皮肤的微细创口而引起的原发性感染，也可能继发于邻近组织或器官化脓性感染的直接扩散，或通过血液循环和淋巴道的转移。

【分类】临床上常见的分类有：

（1）按蜂窝织炎发生部位的深浅可分为浅在性蜂窝织炎（皮下、黏膜下蜂窝织炎）和深在性蜂窝织炎（筋膜下、肌间、软骨周围、腹膜下蜂窝织炎）。

（2）按渗出液的性状和组织的病理学变化可分浆液性、化脓性、厌气性和腐败性蜂窝织炎，如化脓性蜂窝织炎伴发皮肤、筋膜和腱的坏死时则称为化脓性蜂窝织炎，在临床上也常见到化脓菌和腐败菌混合感染而引起的化脓腐败性蜂窝织炎。

（3）按蜂窝织炎发生的部位可分关节周围蜂窝织炎、食管周围蜂窝织炎、淋巴结周围蜂窝织炎、股部蜂窝织炎、直肠周围蜂窝织炎等。

【症状】蜂窝织炎时病程发展迅速。其局部症状主要表现为大面积肿胀，局部增温，疼痛剧烈和机能障碍。其全身症状主要表现为病畜精神沉郁，体温升高，食欲不振并出现各系统（循环、呼吸及消化系统等）的机能紊乱。由于发病的部位不同其症状亦有差异。

（1）皮下蜂窝织炎　常发生于四肢（特别是后肢），主要是由于外伤感染所引起。病初局部出现弥漫性渐进性肿胀。触诊时热痛反应非常明显。初期呈捏粉状有指压痕，后则变为稍坚实感。局部皮肤紧张，无可动性。

随着炎症的发展，局部的渗出液则由浆液性转变为化脓性浸润。此时患部肿胀更加明显，热痛反应剧烈，病畜体温显著升高。随着局部坏死组织的化脓性溶解而出现化脓灶，触诊柔软而有波动感。经过良好者化脓过程局限化或形成蜂窝织炎性脓肿，脓汁排出后病畜局部和全身症状减轻；病程恶化时化脓灶继续往周围和深部蔓延使病程加重。

（2）筋膜下蜂窝织炎　常发生于前肢的前臂筋膜下、背腰部的深筋膜下，以及后肢的小腿筋膜下和股阔筋膜下的疏松结缔组织中。其临床特征是患部热痛反应剧烈，机能障碍明显，患部组织呈坚实性炎性浸润。病程根据发病筋膜的局部解剖学特点而向周围蔓延，全身症状严重恶化，甚至发生全身化脓性感染而引起动物的死亡。

（3）肌间蜂窝织炎　常继发于开放性骨折、化脓性骨髓炎、关节炎及腱鞘炎之后。有些是由于皮下或筋膜下蜂窝织炎蔓延的结果。

感染可沿肌间和肌群间大动脉及大神经干的径路蔓延。首先是肌外膜，然后是肌间组织，最后是肌纤维。先发生炎性水肿，继而形成化脓性浸润并逐渐发展成为化脓性溶解。患部肌肉肿大、肥厚、坚

实、界限不清，机能障碍明显，触诊和作运动时疼痛剧烈。表层筋膜因组织内压增高而高度紧张，皮肤可动性受到很大的限制。肌间蜂窝织炎时全身症状明显，体温升高，精神沉郁，食欲不振。局部已形成脓肿时，切开后可流出灰色、常带血样的脓汁。有时由化脓性溶解可引起关节周围炎、血栓性血管炎和神经炎。

【治疗】蜂窝织炎治疗原则是：减少炎性渗出、抑制感染扩散、减轻组织内压、改善全身状况、增强机体抗病能力。

（1）局部疗法

①控制炎症发展，促进炎症产物消散吸收：最初24～48小时以内，当炎症继续扩散，组织尚未出现化脓性溶解时，为了减少炎性渗出可用冷敷（10％鱼石脂酒精、90％酒精、醋酸铅明矾液、栀子浸液），涂以醋调制的醋酸铅散。用0.5％盐酸普鲁卡因青霉素溶液作病灶周围封闭。当炎性渗出已基本平息（病后3～4天），为了促进炎症产物的消散吸收可用上述溶液温敷。在蜂窝织炎的治疗上亦可外敷雄黄散，内服连翘散。

②手术切开：倘冷敷后炎性渗出不见减轻，组织出现增进性肿胀，病畜体温升高和其他症状都有明显恶化的趋向时，为了减轻组织内压，排出炎性渗出液，应立即进行手术切开。局限性蜂窝织炎脓肿时可等待其出现波动后再行切开。

手术切开时应根据情况做局部或全身麻醉。浅在性蜂窝织炎应充分切开皮肤、筋膜、腱膜及肌肉组织等。为了保证渗出液的顺利排出，切口必须有足够的长度和深度，作好纱布引流。必要时应造反对孔。四肢应作多处切口，最好是纵切或斜切。伤口止血后可用中性盐类高渗溶液作引流以利于组织内渗出液的外流。

如经以上治疗后体温暂时下降复而升高，肿胀加剧，全身症状恶化，则说明可能有新的病灶形成，或存有脓窦及异物，或引流纱布干涸堵塞因而影响排脓，或引流不当所致。这时应迅速扩大创口，消除脓窦，摘除异物，更换引流纱布，保证渗出液或脓汁能顺利排出。待局部肿胀明显消退，体温恢复正常，局部创口可按化脓创处理。

（2）全身疗法　早期应用抗生素疗法、磺胺疗法及盐酸普鲁卡因封闭疗法。对病畜要加强饲养管理，特别是多给些富有维生素的饲料。注意纠正水和电解质及酸碱平衡的紊乱，进行合理的输液。

87. 如何诊疗牛风湿病？

风湿病是常有反复发作的急性或慢性非化脓性炎症。其特征是胶原结缔组织发生纤维蛋白变性以及骨骼肌、心肌和关节囊中的结缔组织出现非化脓性局限性炎症。胶原结缔组织的变性是由于在变态反应中大量产生的氨基乙糖（hexoseamin）所引起。如氨基乙糖能被身体细胞的精蛋白所中和，就不会发生纤维蛋白变性或表现得不明显。该病常侵害对称性的肌肉、关节、蹄，另外还有心脏。我国各地均有发生。但以东北、华北、西北等地发病率较高。

【诊断及鉴别诊断】到目前为止风湿病尚缺乏特异性诊断方法，在临床上主要还是根据病史和上述的临床表现加以诊断。必要时可进行下述的辅助诊断。

（1）水杨酸钠皮内反应试验 是用新配制的0.1%水杨酸钠10毫升，分数点注入颈部皮内。注射后30分钟和60分钟分别检查白细胞总数。其中有一次比注射前的白细胞总数减少五分之一时，即可判定为风湿病阳性反应。据报道，本法对从未用过水杨酸制剂的急性风湿病病马的检出率较高。一般检出率可达65%。

（2）血常规检查 风湿病病马血红蛋白含量增多，淋巴细胞减少，嗜酸性白细胞减少（病初），单核白细胞增多，血沉加快。

（3）纸上电泳法检查 病马血清蛋白含量百分比的变化规律为：清蛋白降低最显著，β-球蛋白次之，γ-球蛋白增高最显著，α-球蛋白次之。清蛋白与球蛋白的系数变小。

在临床上风湿病除注意与骨质软化症进行鉴别诊断外，还要注意与肌炎、多发性关节炎、神经炎，颈和腰部的损伤及牛的锥虫病等疾病作鉴别诊断。

【治疗】风湿病的治疗要点是：消除病因、加强护理、祛风除湿、解热镇痛、消除炎症。除应改善病畜的饲养管理以增强其抗病能力外，还应采用下述的治疗方法。

（1）应用解热、镇痛及抗风湿药 在这类药物中以水杨酸类药物

的抗风湿作用最强。这类药物包括水杨酸、水杨酸钠及阿司匹林等。临床经验证明，应用大剂量的水杨酸制剂治疗风湿病，特别是急性肌肉风湿疗效较高。而对慢性风湿病则疗效较差。除用其粉剂（水杨酸钠、阿司匹林）内服外，还可使用含有水杨酸的针剂，可将10%水杨酸钠溶液100～300毫升，5%葡萄糖酸钙溶液200～300毫升，分别静脉内注射，每天1次，连用5～7天。或取水杨酸钠咖啡因15毫升，水杨酸钠15克，乌洛托品12克，蒸馏水100毫升混合制成灭菌溶液，马牛静脉内一次注射，连用3～5天。

阿司匹林（乙酰水杨酸）与水杨钠的作用相似，但内服后对胃黏膜刺激性较小。其镇痛作用较水杨酸钠强，但抗风湿作用则较弱。临床上常用其粉剂大剂量内服（马25～50克，牛25～75克，猪及羊3～10克）。

保泰松（phenylbutazone）及羟保泰松（oxyphenbutazone）两药，前者为白色或微黄色结晶粉末；后者为白色结晶粉末，是前者的衍生物，其优点是作用较保泰松略强，副作用较低。该药的作用与氨基比林相似，但抗炎及抗风湿作用较强，解热作用则较差，临床上常用于风湿症的治疗。其用法和剂量是：保泰松片剂（每片0.1克），马、牛2～4克内服，每天2次，3天后剂量酌减；羟保泰松片剂，马、牛头两天每千克体重12毫克，后5天用每千克体重6毫克内服，连用7天。

（2）应用皮质激素类药物　这类药物能抑制许多细胞的基本反应，因此有显著的消炎和抗变态反应的作用。它还能缓和间叶组织对内外环境各种刺激的反应性，改变细胞膜的通透性。临床上常用的有：醋酸可的松注射液、氢化可的松注射液、地塞米松注射液、醋酸氢化可的松注射液、醋酸泼尼松（强的松）、氢泼尼松（强的松龙）注射液、醋酸氢化泼尼松注射液、氟美松磷酸钠盐注射液及注射用促皮质素等。它们都能明显地改善风湿性关节炎的症状，但容易复发。

（3）抗生素控制急性风湿病的链球菌感染　风湿病急性发作期，无论从咽部是否证实有链球菌感染，均需使用抗生素。首选青霉素，肌内注射每天2～3次，一般应用10～14天。不主张使用磺胺类抗菌药物，因为磺胺类药物虽然能抑制链球菌的生长，却不能预防急性风湿病的发生。

(4) 应用碳酸氢钠、水杨酸钠和自家血液疗法 其方法是，每天静脉内注射5%碳酸氢钠溶液200毫升，10%水杨酸钠溶液200毫升。自家血液的注射量为第1天80毫升，第3天100毫升，第5天120毫升，第7天140毫升。每7天为一疗程。两疗程之间间隔一周，可连用两个疗程。对急性肌肉风湿病疗效显著，对慢性风湿病可获得一定的好转。

(5) 应用针灸 应用针灸治疗风湿病有一定的治疗效果。可根据病情的不同采用新针、电针、水针和火针。

(6) 应用物理疗法 物理疗法对风湿病，特别是慢性经过者有较好的治疗效果。

①局部温热疗法：将酒精加热后（40℃左右），或将麸皮与醋按4∶3的比例混合炒热装于布袋内进行患部热敷，每天1～2次，连用6～7天。亦可使用热石蜡及热泥疗法等。光疗法中可使用红外线（热红灯）局部照射，每次20～30分钟，每天1～2次，至明显好转为止。

②电疗法：中波透热疗法、中波透热水杨酸离子透入疗法、短波透热疗法、超短波电场疗法、周林频谱疗法及多源频谱疗法等对慢性经过的风湿病均有较好的治疗效果。

在急性蹄风湿初期的炎性渗出阶段时，以止痛和抑制炎性渗出为目的，可以使用冷蹄浴，用醋调制的冷泥敷蹄等局部冷疗法。

(7) 局部涂擦刺激剂 局部可应用水杨酸甲酯软膏（处方：水杨酸甲酯15克、松节油5毫升、薄荷脑7克、白色凡士林15克），水杨酸甲酯莨菪油擦剂（处方：水杨酸甲酯25克、樟脑油25毫升、莨菪油25毫升），亦可局部涂擦樟脑酒精及氨擦剂等。

除上述的疗效外，有人应用以10%水杨酸钠溶液为抗凝剂的相合血液500～1 000毫升进行输血，以治疗各种风湿病取得了一定的治疗效果。

88. 如何治疗指（趾）间皮炎？

没有扩延到深层组织的指（趾）间皮肤的炎症，称为指（趾）间

皮炎（interdigital dermatitis）。特征是皮肤不裂开，有腐败气味。

【病因】潮湿不卫生为其主要诱因，条件菌感染为其致病原因。一些工作者已从病变分离出结节状杆菌和螺旋体。

【症状】本病不引起急性跛行，但可见动物运步不自然，蹄表现非常敏感。病变局限在表皮，表皮增厚和稍充血，在指（趾）间隙有一些渗出物，有时形成痂皮。

当初次发现时，这病常常已到第二阶段，在球部出现角质分离（通常在两后肢），在这以前，与球部相邻的皮肤可发生肿胀，并有轻度跛行。到第二阶段时，跛行明显，在角质和下面的真皮之间，很快进入泥土、粪便和褥草等异物，接着可出现增殖反应。如果不发展成潜道，病变可平静下来转为慢性。本病常常发展成慢性坏死性蹄皮炎（蹄糜烂）和局限性蹄皮炎（蹄底溃疡）。

【治疗】首先保持蹄的干燥和清洁，其次局部应用防腐和收敛剂，每天2次，连用3天。病畜也可进行蹄浴。

89. 如何治疗指（趾）间蜂窝织炎？

指（趾）间蜂窝织炎（interdigital phlegmon）是指（趾）间皮肤及其下组织发生炎症，特征是皮肤坏死和裂开。常常包括指（趾）间皮肤、蹄冠、系部和球节的肿胀，有明显跛行，并且体温升高，坏死杆菌是最常见的微生物，所以本病又称指（趾）间坏死杆菌病。

在许多国家，本病是最普遍的疾病之一，但命名曾经是很混乱的，美国称为腐蹄病，德国和法国称为瘭疽。

本病可发生于各种年龄的牛，但多发生在2～4岁的牛，多发生在产后50天内。

【病因】指（趾）间隙由于异物造成挫伤或刺伤，或粪尿和稀泥浸渍，使指（趾）间皮肤的抵抗力降低，微生物从指（趾）间进入，许多学者同意坏死杆菌是本病的病原菌。指（趾）部皮炎、指（趾）间皮肤增殖和黏膜病等可并发本病。美国人用从腐蹄病活体标本上分出的坏死杆菌和产黑色素杆菌，混合接种于划破的指（趾）间隙皮肤或皮内，可引起典型的腐蹄病病变。用感染的组织直接抹片，可看到革兰氏阴性菌和螺旋体。从感染蹄获得的细胞纯培养作传播试验不能成功，但混合腐蹄病原始病变中的革兰氏阴性菌可以得到成功。

【症状】 病变发展后几小时内，可注意到一个或更多的肢有轻度跛行，系部和球节屈曲，患肢以蹄尖轻轻负重，约75%的病例发生在后肢。在18～36小时之后，指（趾）间隙和冠部出现肿胀，皮肤上有小的裂口，有难闻的恶臭气味，表面有伪膜形成。

36～72小时后，病变可变得更显著，指（趾）明显分开，指（趾）部、甚至球节出现明显肿胀，动物此时有剧烈疼痛，病肢常企图提起。体温常常升高，食欲减退，泌乳量明显下降，再过一两天后，指（趾）间组织可完全剥脱。转归好的病例，以后出现机化或纤维化。某些病例坏死可持续发展到深部组织，出现各种并发症，甚至蹄匣脱落。

【治疗】 全身应用抗生素和磺胺药。局部用防腐液清洗，去除任何游离的指（趾）间坏死组织，伤口内放置抗生素或其他化学药品，绷带要环绕两指（趾）包扎，不要装在指（趾）间，或者进行引流和开放创伤。口服锌，可取得满意效果。

【预防】 除去牧场上各种致伤的因素，保证牛舍和运动场干燥和清洁。用硫酸铜或甲醛蹄浴效果好。为了预防，饲料内亦可添加抗生素或化学抑菌剂。在澳大利亚和比利时用坏死杆菌甲醛疫苗接种已获得成功。

90. 如何治疗牛指（趾）间皮肤增殖？

指（趾）间皮肤增殖（interdigital skin hyperplasia）是指（趾）间皮肤和（或）皮下组织的增殖性反应。在文献上曾有不同名称，如指（趾）间瘤、指（趾）间结节、指（趾）间赘生物、指（趾）间纤维瘤、慢性指（趾）间皮炎、指（趾）间穹窿部组织增殖等。

各种品种的牛都可发生，发生率比较高的有荷兰牛和海福特牛。北京市黑白花乳牛发生也很普遍。

【病因】 引起本病的确切原因尚不清楚。一般认为与遗传有关，但仍有争论。蹄向外过度扩张，引起指（趾）间皮肤紧张和剧伸，或

某些变形蹄、泥浆、粪尿等异物对指（趾）间皮肤的经常刺激，都易引起本病。有人观察认为指（趾）骨有外生骨瘤与本病发生有关，也有人观察缺锌时可引起本病。

【症状】 本病多发生在后肢，可以是单侧的，也可以是两侧的。

从指（趾）间隙一侧开始增殖的小病变不引起跛行，因而容易被忽略。增大时，可见指（趾）间隙前面的皮肤红肿、脱毛，有时可看到破溃面。指（趾）间穹窿部皮肤进一步增殖时，形成“舌状”突起，此突起随着病程发展，不断增大增厚，在指（趾）间向地面增殖时，形成“舌状”突起，此突起随着病程发展，不断增大增厚，在指（趾）间向地面伸出，其表面可由于压迫坏死，或受伤发生破溃，引起感染，可见有渗出物，气味恶臭。根据病变大小、位置、感染程度和落到患指（趾）的压力，出现不同程度的跛行。

在指（趾）间隙前端皮肤，有时增殖成草莓样突起，由于皮溃后发生感染，患畜驻立时非常小心，因为局部碰到物体或受两指（趾）压迫时，患畜可感到剧烈疼痛。增殖的突起后期可角化。

有跛行时，奶牛泌乳量会明显降低。

由于指(趾)间有增殖物,可造成指(趾)间隙扩大或出现变形蹄。

【治疗】 在有炎症期间，清蹄后用防腐剂包扎，可暂时缓和炎症和疼痛，但不能根治。对小的增殖物，可用腐蚀的办法进行治疗，但不易成功。根治的办法是手术切除，手术的方法是将患畜侧卧保定，注射化学保定剂或电针麻醉，配合用神经传导麻醉，常规局部消毒后，沿增殖物周围将其彻底切除。手术中如不碰破大血管，则出血不多，压迫止血后，可缝合，可不缝合。切除增殖物后脱出的脂肪不要过多的切除，以免影响将来的指（趾）间皮肤愈合。最后，将两蹄尖处钻洞，用金属丝将两蹄固定于一起并用绷带包扎，外装防水蹄套。

91. 如何治疗牛弥散性无败性蹄皮炎？

弥散性无败性蹄皮炎（diffuse aseptic pododermatitis）又称为蹄叶炎，可分为急性、亚急性和慢性，通常侵害几个指（趾）。

蹄叶炎可能是原发性的，也可能继发于其他疾病，如严重的乳腺炎、子宫炎和酮病。蹄叶炎可发生于乳牛、肉牛和青年公牛。

母牛发生本病与产犊有密切关系，而且年轻母牛发病率高。乳牛中以精料为主的饲养方式发病率高。

【病因】长期以来认为牛蹄叶炎是全身代谢紊乱的局部表现，但确切原因尚无定论，倾向于综合性因素所致，包括分娩前后到泌乳高峰时期吃过多的碳水化合物精料、不适当运动、遗传和季节因素等。

许多学者认为最初被侵害的部位是蹄真皮血管层，组织学上可见充血、水肿、血栓形成和出血。这些变化可能与毒素和内毒素的直接作用有关。

【症状】急性时，症状非常典型。病牛运动困难，特别是在硬地上。站立时，弓背，四肢收于一起，如仅前肢发病时，症状更加严重，后肢向前伸，达于腹下，以减轻前肢的负重。有时可见两前肢交叉，以减轻患肢的负重。通常内侧指疼痛更明显，一些动物常用腕关节跪着采食。后肢患病时，常见后肢运步时划圈。患牛不愿站立，较长时间躺卧，在急性期早期可见明显地出汗和肌肉颤抖。体温可升高，脉搏可加快。牛蹄叶炎时血压降低。

局部症状可见肢的静脉扩张，前肢的指动脉搏动明显，蹄冠的皮肤发红，仅在蹄部可感到发热。蹄底角质脱色，变为黄色，有不同程度的出血。

发病后不久（一周以后）放射学摄片时可看到蹄骨尖移位。

亚急性蹄叶炎时，很少能检查到全身性症候，许多牛局部症候也很轻微。许多病牛可能没有被发现或被误认为其他疾病。

急性型如不是在早期抓紧治疗，总是变成慢性型。慢性蹄叶炎不仅可引起不同程度的跛行，也是发展为其他蹄病的原因之一，这是由于真皮内生角质层被破坏所致。

慢性蹄叶炎的临床症状没有急性的严重，常常没有全身症状。所有患牛可看到站立时以球部负重，蹄底负重不确实。时间较长后，患畜全身状态变坏，出现蹄变形，蹄延长，蹄前壁和蹄底形成锐角。由于角质生长紊乱，出现异常蹄轮。由于蹄骨下沉、蹄底角质变薄，甚至出现蹄底穿孔。

病理组织学损害基本是血管性的，急性时真皮充血水肿，毛细血

管有血栓，可看到出血和淋巴细胞积聚。表皮内生角质物明显缺乏，生发层的细胞变形，慢性蹄叶炎有相似的变化，可看到陈旧的血栓，真皮层形成纤维组织和毛细血管增殖，明显缺乏生角质物质。

【治疗】首先应除去病因。给予抗组胺制剂，也可应用止痛剂。瘤胃酸中毒时，静脉注射重碳酸钠液，并用胃管投给健康牛瘤胃内容物。慢性蹄叶炎时注意护蹄，维持其蹄形，防止蹄穿孔。

【预防】分娩前后应避免饲料的急剧变化，产后增加精料的速度应慢。给精料后应给适量的饲料。饲料内可添加重碳酸钠。可让牛自由舔盐，以增加唾液分泌。

92. 如何治疗牛蹄糜烂?

蹄糜烂（erosion of the hoof）是蹄底和球负面糜烂。又名慢性坏死性蹄皮炎。

【病因】过长蹄、芜蹄、牛舍和运动场潮湿、不洁是本病的因素。指（趾）间皮炎与发生在球部的糜烂有直接关系，结节状杆菌也是引起糜烂的微生物。

【症状】本病进展很慢，除非有并发症，很少引起跛行。轻病例只在底部、球部、轴侧沟有小的深色坑，进行性病例，坑融合到一起，有时形成沟状，坑内呈黑色，外观很破碎，最后，在糜烂的深部暴露出真皮。

糜烂可发展成潜道，偶尔在球部发展成严重的糜烂，长出恶性肉芽，引起剧烈跛行。

【治疗】整个蹄应彻底清洁，削除不正常的角质，扩开所有的潜道，5%碘酊消毒，用血竭封口，也可应用硫酸铜和松馏油包扎。穿特制牛蹄鞋。

93. 如何治疗牛直肠脱?

【病因】

(1) 多因饲养管理不善，饲料单纯，日粮配合不当，营养不全，运动或放牧过于疲乏，使奶牛体质虚弱，排便困难，努责过度，造成直肠韧带或肛门结构肌弛缓，失去弹性和正常的支持固定作用，引起直肠黏膜的一部分或大部分向外翻出而脱垂于肛门之外，不能自行缩回。

（2）个别奶牛因年老体弱或长期患慢性便秘剧烈努责，久泻不止，慢性咳嗽，分娩努责，久卧不起，公牛配种等使腹内压增高，另外母牛阴道脱及刺激性药物灌肠后继发重病。

【症状】 病初患牛于卧地或排便后，可见直肠末端黏膜部分翻出于肛门外，呈鲜红色圆形，柔软，伴有轻度水肿，起立或便后即自行缩回，如此不断反复，致使黏膜水肿、充血、发炎，逐渐失去自行缩回的能力，而发生直肠全脱出，此时可见肛门外有圆柱状下垂的肿胀物。脱出的直肠黏膜被尾毛、粪尿、垫草等污染呈暗红色。严重的病例，因脱出的肠管长期暴露于体外，使水肿加剧，黏膜表面干硬，呈污秽不洁的暗紫色或褐色，并出现溃烂、瘀血、坏死、穿孔或直肠壁破裂等，引起感染并出现全身症状。如伴发肠套叠，圆柱状肿胀物向上弯曲，手可沿脱出的肠管和肛门之间插入，而摸到套入的肠管。此时患牛出现排便困难，痛苦不安，拱背，后腿频频移动，不断努责，食欲减少，精神沉郁，奶量减少或停止。

【治疗】

（1）整复脱出物 对症状轻的患牛，脱出部分用0.1%的高锰酸钾溶液冲洗干净，并用2%的明矾溶液收敛及热毛巾温敷，如脱出肠表面部分溃烂、坏死，应用刀或剪除去，至露出新鲜组织为止。水肿严重的应用针刺破，放出液体，洗净消毒后，涂撒消炎膏（粉），在患牛没有努责的情况下，缓缓将其还纳于肛门内。

（2）固定肛门 为防止还纳的直肠继续脱出，应在肛门周围作袋状缝合，中央应留有二指宽的排粪孔，经7～10天后，如无感染或患牛不再努责，可拆除缝线。若脱出的肠管只有外层黏膜发生溃烂、坏死，应先部分切除后整复固定于肛门内。先将脱出部分洗净消毒后，在离肛门周围缘约1厘米处环切肠管壁的黏膜层（勿损伤肌层），然后钝性分离黏膜，向下剥离，并翻转黏膜层，将其剪除，最后顶端黏膜边缘与肛门周缘黏膜边缘作8～10个结节缝合，切口涂撒消炎膏

（粉）后，还纳于肛门内，肛门口作袋状缝合。

（3）手术切除　脱出的肠管如果严重坏死、溃烂，不能整复，应立即施行直肠切除术。首先清洗消毒脱出的肠管，麻醉后，在靠近肛门处的健康肠管上，用消毒过的两根长封闭针头相互垂直成十字刺入，以固定肠管。在距固定针1～2厘米处切除坏死的肠管，充分止血后，对两层断端肠管施行相距0.5厘米的结节缝合，为了防止污染，每缝1针后应换消毒过的针线。缝合完毕，用0.1%的高锰酸钾溶液或新洁尔灭溶液冲洗消毒后，除去固定针，涂撒消炎膏（粉）后，还纳于肛门内，一般7天左右可拆除缝线。

（4）术后护理　整复或手术后，为了防止感染和发炎，应全身肌内或静脉注射磺胺类药或抗生素，随时根据病情，采取镇痛消炎、健胃缓泻等对症疗法。患牛如体质虚弱，中气不足，气虚下陷，为了促进身体和术部的恢复，可内服中药补中益气汤。用黄芪、党参、升麻、白术各50克，当归、陈皮各40克，柴胡35克，甘草25克，研粉后开水冲服，或上述每味药各加10～15克，水煎后灌服。每天1剂，连用5～7天。

【注意事项】

（1） 改善饲养管理条件，增加营养，喂给全价精料及优质青干草料，增强奶牛体质，减少发病率，这是防止本病发生和提高治疗效果的重要措施。其次是消除病因，积极治疗便秘、下痢、咳嗽及阴道脱等。

（2） 本病只要发现早，并及时整复或手术，都有治愈的希望。发现迟，治疗不及时导致患牛全身感染，倒地不起，有死亡的危险。整复或手术时，对脱出的肠管应清洗消毒干净，并彻底除去溃烂和坏死的黏膜，这是整复或手术成功的关键。

94. 如何做剖腹产手术？

【适应证】 家畜分娩时，胎儿娩出受阻，经产道助产或药物催产都无效的情况下，应尽早进行剖腹产；在无菌动物也需剖腹产取出胎儿。当子宫扭转的动物，在保守疗法整复扭转的子宫无效时，或经腹腔内整复无效时，也需做剖腹产再整复扭转的子宫。

【麻醉与保定】速眠新麻醉注射液肌内注射，进行全身麻醉，对全身情况恶化的动物可做局部麻醉。牛一般采用左侧卧保定，当牛的胎儿位于腹底壁偏左侧时，可做右侧卧保定。

【切口定位】

牛的剖腹产切口

①右侧乳静脉与腹白线之间平行腹白线的切口：切口后端自乳房基部前缘向前作一平行腹白线的纵切口，切口长度25～30厘米，此切口距子宫较近，有利于拉出胎儿。

②肋弓下斜切口：距肋骨弓20～25厘米处，平行肋弓做一后上前下的斜切口，此切口距离子宫较远，需将子宫向切口处移动后切开子宫拉出胎儿，优点是闭合腹壁切口较腹底部切口容易。

③右乳静脉背面平行乳静脉切口：此切口距胎儿较近，手术方便。

④肷部中下切口：切口上端距腰椎横突15～20厘米，向下做25～30厘米切口，此切口距离子宫较远，拉出胎儿困难，但闭合腹壁切口容易。

⑤左侧乳静脉与腹白线之间平行腹白线切口：当左侧子宫角怀孕时，可做此切口，拉出胎儿操作方便，肠管不易从切口内脱出。

第五章　牛的常见产科病

95. 乳房炎有哪些症状和分类？

乳房炎是母畜乳腺的炎症，多发生在乳用家畜，特别是奶牛乳房炎更为常见，其特点是乳中的体细胞，特别是白细胞增多以及乳腺组织发生的病理变化。该病不仅影响产奶量，造成经济损失，而且影响产奶的品质，危及人的健康。

【病因】病原微生物感染是乳房炎的主要发病因素，病原微生物的种类繁多，有细菌、支原体、真菌、病毒等，据报道有 80 种之多，较常见的有 32 种，其中细菌 14 种，支原体 2 种，真菌及病毒 7 种，这些病原体通过乳头管口进入乳房是感染乳房炎的主要途径。另外，当乳房受到摩擦、挤压、碰撞、刺划等机械因素，尤以幼畜吮乳时用力碰撞和徒手挤乳方法不当，使乳腺损伤，并通过厩舍、运动场、挤乳手指和用具而引起感染。泌乳期饲喂精料过多而乳腺分泌机能过强，应用激素治疗生殖器官疾病而引起的激素平衡失调，是本病的诱因。某些传染病（布鲁氏菌病、结核病等）也常并发乳房炎。另外，体内某些器官疾病产生的毒素，病原微生物产生的毒素，以及饲料、饮水或药物中的毒素也可影响到乳房而引起炎症。还有一些材料证明乳房炎与遗传有关。

【分类和症状】现将最近的和临床上较为适用的方法介绍如下：

（1）以乳汁可否检出病原菌和乳房、乳汁有无肉眼可见变化划分——国际乳业联盟（International Dairy Federation，IDF，1985）。

①感染性临床型乳房炎（Infectious clinical mastitis）：乳汁可检出病原菌，乳房和乳汁有肉眼可见变化。

②感染性亚临床型乳房炎（Infectious subclinical mastitis）：乳汁可检出病原菌，但乳房或乳汁无肉眼可见变化。

③非特异性临床型乳房炎（Non-specific clinical mastitis）：乳房或乳汁有肉眼可见的变化，但乳汁检不出病原菌。

④非特异性亚临床型乳房炎（Non-specific subclinical mastitis）：乳房和乳汁无肉眼可见变化，乳汁无病原菌检出，仅乳汁化验阳性。

（2）以乳房和乳汁有无肉眼可见变化划分——美国国家乳房炎委员会（NMC，1978）。

①非临床型或亚临床型乳房炎（Non-clinical or subclinical mastitis）：乳房和乳汁都无肉眼可见变化，要用特殊的试验才能检出乳汁的变化，通常称为隐性乳房炎（"hidden" mastitis）。

②临床型乳房炎（Clinical mastitis）：乳房和乳汁均有肉眼可见的异常。轻度临床型乳房炎（Mild clinical mastitis）乳汁中有絮片、凝块，有时呈水样。乳房轻度发热和疼痛或不热不痛，可能肿胀。重度临床型乳房炎（Severeclinical mastitis）患乳区急性肿胀，热、硬、疼痛。乳汁异常，分泌减少。如出现体温升高，脉搏增速，患畜抑郁、衰弱、食欲丧失等全身症状，称为急性全身性乳房炎（Acute systemic mastitis）。

临床型乳房炎根据炎症性质还可分为

A. 浆液性炎：浆液及大量白细胞渗透到间质组织中，乳房红肿热痛，往往乳上淋巴结肿胀。乳稀薄，含絮片。

B. 卡他性炎：脱落的腺上皮细胞及白细胞沉积于上皮表面。

a. 乳管及乳池卡他性炎：先挤出的奶含絮片，后挤出的奶不见异常。

b. 腺胞卡他性炎：如果全乳区腺胞发炎，则患区红肿热痛，乳量减产，乳汁水样，含絮片，可能出现全身症状。

C. 纤维蛋白性炎：纤维蛋白沉积于上皮表面或（及）组织内，为重剧急性炎症。乳上淋巴结肿胀，挤不出奶或只挤出几滴清水。本型多由卡他性炎发展而来，往往与脓性子宫炎并发。

③慢性乳房炎（Chronic mastitis）：由乳房持续感染所致，通常没有临床症状，偶尔可发展成临床型。突然发作以后，通常转成非临床型。

④化脓性炎

A. 急性脓性卡他性炎：由卡他性炎转来。除患区炎性反应外，

乳量剧减或完全无乳，乳汁水样含絮片。有较重的全身症状。数日后转为慢性，最后乳区萎缩硬化，乳汁稀薄或黏液样，乳量渐减直至无乳。

B. 乳房脓肿：乳房中有多个小米大至豆大脓肿。个别的大脓肿充满乳区，有时向皮肤外破溃。乳上淋巴结肿胀。乳汁呈黏性脓样，含絮片。

C. 蜂窝织炎：为皮下或（及）腺间结缔组织化脓，一般是与乳房外伤、浆性炎、乳房脓肿并发。产后生殖器官炎症易继发本症。乳上淋巴结肿胀。乳量剧减，以后乳汁含絮片。

⑤出血性炎：深部组织及腺管出血，皮肤有红色斑点，乳上淋巴结肿胀，乳量剧减，乳汁水样含絮片及血液，可能是溶血性大肠杆菌等所引起。

对非临床型乳房炎主要以预防为主，对临床型乳房炎则以治疗为主。此外，如乳房结核、口蹄疫乳房炎、乳房放线菌病等特殊乳房炎，详见传染病学。

96. 如何诊疗乳房炎？

【诊断】临床型乳房炎症状明显，根据乳汁和乳房的变化，就可作出诊断。隐性乳房炎乳房无临床症状，乳汁也无肉眼可见的变化，但乳汁的 pH、导电率和乳汁中的体细胞（主要是白细胞）数、氯化物的含量等，都较正常为高，需要通过乳汁化验，才能作出诊断；必要时可进行乳汁细菌学检查，为药物治疗提供依据。

（1）细胞计数法　是计算每毫升乳汁中的体细胞数，这是诊断隐性乳房炎的基准，也是与其他诊断方法作对照的基准。

每毫升乳中细胞数超过 50 万个，定为乳房炎乳。有人则认为超过 25 万，即可定为乳房炎乳。由于乳腺对外来物异常敏感，据中国农业科学院中兽医研究所试验，即使仅向乳头内注入注射用水，乳中细胞数也可增至 400 万个/毫升以上，故他们提出在乳房炎治疗判定疗效时，乳汁细胞数降至 100 万个/毫升以下就可定为正常。国外也有报道，在泌乳中期乳汁细胞数超过 100 万个/毫升，才疑为炎症。

（2）化验检验法　间接测定乳汁细胞数和乳汁 pH 的方法，种类较多，现将常用的CMT法介绍如下：

CMT法这是美国California mastitis test的缩写，对隐性乳房炎检出率很高，可在牛旁迅速作出诊断，是一种常规诊断方法，世界各国已广泛采用。

①机理：乳汁细胞在表面活性物质和碱性药物作用下，脂类物质乳化，细胞被破坏后释放出DNA，DNA与其作用，使乳汁产生沉淀或形成凝块。根据沉淀或凝胶的多少，间接判定乳中细胞数的范围而达到诊断目的。乳中细胞数越多，产生的沉淀或凝胶也越多。本法不适用于初乳期和泌乳末期。

②试剂：烃基（烷基）硫酸盐30～50克，苛性钠15克，溴甲酚紫0.1克，蒸馏水1 000毫升。溴甲酚紫（B.C.P.）是乳汁pH的指示剂，以颜色变化指示不同的pH，便于临床判定。

③方法：乳汁检验盘上有4个直径7厘米，高1.7厘米的检验皿，4个乳区的乳汁分别挤入4个检验皿中。倾斜检验盘60°，流出多余乳汁，加等量（2厘米）试液，随即平持检验盘旋转摇动，使试药与乳汁充分混合，10秒钟后观察。判定标准见表5-1。

表5-1　CMT法判定标准

被检乳	乳汁反应	判定符	细胞总数（万个/毫升）	中性粒细胞（%）
阴性	无变化，不出现凝块	—	0～2	0～25
可疑	有微量沉淀，但不久即消失	±	15～50	30～40
弱阳性	部分形成凝胶状	＋	80～500	60～70
阳性	全部形成凝胶状，回转搅动时凝块向中央集中，停搅拌则凝块呈凹凸状附着于皿底	＋＋	500以上	
强阳性	全部呈凝胶状，回转搅动时凝块向中央集中，停止搅动则回复原状，并附着于皿底	＋＋＋		
酸性pH2.5以下	由于乳糖分解，乳汁变黄色			
碱性	乳汁呈深黄紫色，为接近干奶期、感染乳房炎、泌乳量降低的表现			

(3) 物理检验法　乳房发炎时，乳中氯化物含量增加，电导率值上升，因此用物理学方法检验乳汁电导率值的变化，可以诊断隐性乳房炎。此法迅速、准确。

【治疗】 奶牛的泌乳是周期性的，乳房炎又分为各种类型，因此对乳房炎的防治要根据泌乳周期的不同阶段和乳房炎的类型，选用以治为主还是以防为主的措施。总体原则是杀灭已侵入乳房的病原菌，防止病原菌侵入，减轻或消除乳房的炎性症状。

(1) 临床型乳房炎　以治为主，杀灭侵入的病原菌和消除炎性症状。

①抗生素疗法：主要采用抗生素，也有用磺胺类。病情严重者还配合进行全身治疗。为避免病原菌对抗生素产生抗药性和抗生素在乳汁的残留，近年来研究用复方中草药进行治疗，效果也较令人满意。

常用的抗菌药物有青霉素、链霉素、四环素、氟苯尼考、环丙沙星、恩诺沙星、卡那霉素和磺胺类药等。常规的方法是将药液稀释成一定的容量，通过乳头管直接注入乳池，可以在局部保持较高浓度，达到治疗目的。具体操作为先挤净患区内的乳汁或分泌物，碘酊或酒精擦拭乳头管口及乳头，经乳头管口向乳池区插入接有胶管的灭菌乳导管或去尖的注射针头，胶管的另一端接注射器，将药液徐徐注入乳池内。注毕抽出导管，以手指轻轻捻动乳头管片刻，再以双手掌自乳头池向乳腺池再到腺泡、腺管系顺序轻度向上按摩挤压，迫使药液渐次上升并扩散到腺管腺泡。每日注入 2～3 次。

乳牛乳房炎的主要病原菌是金黄色葡萄球菌、无乳链球菌和其他链球菌。我国一些地区无乳链球菌检出率高于金黄色葡萄球菌，成为乳房炎最主要的病原菌。临床上长期使用青霉素、链霉素合并治疗乳房炎，曾经有相当效果，但也产生了不少抗药菌株。中国农业科学院兰州畜牧与兽药研究所对乳房炎主要病原菌的抗药性进行了研究，发现氟苯尼考和红霉素是治疗乳房炎的首选药物。现场不可能在查明病原菌之后再进行治疗，故发现乳房炎后，宜先采用广谱抗生素，或选择两种抗生素合并使用，经 2～3 天，如无明显好转，再改用其他抗菌药物。有条件的在查明病原菌后，则可有针对性地应用相应药物进行治疗。抗菌药物一般连用 3～4 天，临床症状消退后，仍需再用1～

2天，然后停药。停药至第10天左右，作一次乳汁化验，如仍为阳性，则需更换药物继续治疗。据报道，新生霉素和青霉素对无乳链球菌的效力为98%，对停乳链球菌为100%，对乳房链球菌为82%。红霉素、新生霉素对抗青霉素的金黄色葡萄球菌有效，新生霉素对大肠杆菌性乳房炎、庆大霉素对绿脓杆菌性乳房炎有效。但红霉素对局部有强烈刺激。

为了使注入的抗菌药物充分到达感染部位，而不被乳汁或炎性分泌物所干扰，注药前要尽量使乳房内残留的乳汁和分泌物排出。为此可肌内注射10～20国际单位的催产素，然后挤奶。

乳房基底封闭，即将0.25%或0.5%盐酸普鲁卡因溶液注入乳房基底结缔组织中和用2%普鲁卡因进行生殖股神经注射，对浆液性乳房炎有一定疗效，溶液中加入适量抗生素更可提高疗效。

②物理疗法：认真热敷，按摩乳房，增加挤乳次数，对乳房炎的治疗大多是有益的。但对出血性乳房炎则是有害的，其时，在挤乳后，每患叶选用0.25%普鲁卡因溶液60～100毫升，或2%碳酸氢钠生理盐水溶液30～50毫升，经乳导管注入。

③浅表脓肿治疗：可行切开排脓、冲洗、撒布消炎药等一般外科处理。深部脓肿，可穿刺排脓并配合以抑菌药治疗。当其破溃，应待炎症被抑制后，待其二期愈合。

④中药疗法：配用效果良好。

降痛饮——当归90克，生黄芪60克，甘草30克，酒煎灌服(大家畜)，日服1剂，连服2～8剂。对一切肿毒（包括乳房炎），不论其急性或慢性，有脓或无脓，都有较好疗效。

肿疡消散饮——金银花60克，连翘30克，归尾、甘草、赤芍、乳香、没药、花粉、贝母各15克，防风、白芷、陈皮各12克，酒100毫升为引。适用于急性乳房炎。

黄芪散——生黄芪、全当归、元参各30克，肉桂6克，连翘、金银花、乳香、没药各15克，生香附、青皮各12克，有硬结者加穿山甲9克，皂刺15克，煎汁灌服（大家畜）。适用于慢性乳房炎。

冲和膏——炒紫荆皮15克，独活90克，赤芍60克，白芷120克，石菖蒲45克，共研末，葱汁酒调，敷于患部。适用于慢性乳

房炎。

(2) 亚临床型乳房炎或隐性乳房炎　以防为主，防治结合，预防病原菌侵入乳房，即使侵入也能很快被杀灭。隐性乳房炎虽乳房和乳汁无肉眼可见的异常，但发病率高、影响产奶量和乳的品质、危及人体健康，而且容易转为临床型，应十分重视。

①乳头药浴：是防治隐性乳房炎行之有效的方法，在奶牛业发达的国家已成为常规。挤奶结束后，乳头管括约肌尚未收缩，病原体极易从此侵入乳房。乳头药浴是在挤奶后，立即用药液浸泡乳头，杀灭附着在乳头末端及其周围和乳头管内的病原体。据报道，仅此一项就可使乳房新感染减少50%左右。据试验，挤奶前后都药浴，比仅在挤奶后药浴效果更好。

浸泡乳头的药液，要求杀菌力强，刺激性小，性能稳定，价廉易得。常用的有洗必泰、次氯酸钠、新洁尔灭等。0.3%～0.5%的洗必泰效果最好，抑菌作用强，药性稳定，对乳头皮肤和乳头管黏膜无刺激作用。次氯酸钠次之，但药性不稳定，作用持续时间较短。

②乳头保护膜：乳房炎的主要感染途径是乳头管，挤奶后将乳头管口封闭，防止病原菌侵入，也是预防乳房炎的一个途径。乳头保护膜是一种丙烯溶液，浸渍乳头后，溶液干燥，在乳头皮肤上形成一层薄膜，徒手不易撕掉，用温水洗擦才能除去。保护膜通气性好，对皮肤没有刺激性，不仅能保护乳头管不被病原体侵入，对乳头表皮附着的病原菌还有固定和杀灭作用。

③盐酸左旋咪唑（LMS）：简称左咪唑，是一种免疫机能调节剂，它能恢复细胞的免疫功能，增强抗病能力。近年来，以每千克体重7.5毫克拌精料中任牛自行采食，每天1次，连用2天，效果较好。投药后60天检查，乳区阳性率下降，产奶量上升，乳中脂肪、蛋白质及干物质含量均有所增加。

(3) 预防

①常规预防措施：保持厩舍、运动场、挤乳人员手指和挤乳用具的清洁，以创造良好的卫生条件，做好传染病的防检工作，正确进行挤乳，挤乳前先用温水将乳房洗净并认真按摩，挤乳时用力均匀并尽量挤尽乳汁，先挤健畜后挤病畜，逐渐停乳，停乳后注意乳房的充盈

度和收缩情况，发现异常及时检查处理，分娩前，乳房明显膨胀时，适当减少精饲料的饲喂量；分娩后，控制饮水适当增加运动和挤乳次数。有乳房炎征兆时，除采取医疗措施外，还应根据情况隔离患畜。

②干奶期预防：乳房在干奶期要经过3个不同阶段，即自动退化期、退化稳定期和生乳期。自动退化期是乳房自动停乳的过程，通常要30天左右，这一阶段是重新感染的最危险期，尤其是停奶后的头三周。原因是在此期间乳头部附着的菌群、乳头管内细菌的生存能力、乳头管对细菌的渗透性以及乳房内防御机能都发生了变化，有利于细菌的侵入和感染。退化稳定期后完全干奶，约为2周。这时乳头管收缩，乳房抗菌物质增加，细菌的渗透和生存能力降低，整个阶段临床型乳房炎极少发生。这一阶段的长短，与整个干奶期的长短呈正相关。生乳期为产犊前的大约两周，乳房发生类似第一阶段的变化，乳房内白细胞吞噬能力降低，乳房开始充乳，乳头管扩张，甚至漏奶，有利于病原体的侵入，增加了感染的危险。干奶期是预防产后发生临床型乳房炎的重要时期，也是控制乳房炎发生的一个重要环节，尤其是干奶的第一、三两个阶段。有些国家已把干奶期的预防列入常规措施。干奶期预防主要是向乳房内注入长效抗菌药物，杀灭已侵入或以后侵入的病原体，有的有效期可达4～8周。

97. 如何诊治乳池狭窄和闭锁？

乳池狭窄和闭锁在乳牛较常见，多出现在一个乳头、乳池的基底部。

【病因】 通常由慢性乳房炎或乳池炎引起，或由粗暴挤奶或乳头挫伤所造成。先天性乳头池闭锁很少见。乳头基底部的乳池棚或乳头池黏膜下结缔组织增生肥厚、肉芽肿、瘢痕，以及黏膜面的肿瘤——乳头状瘤、纤维瘤等，也可造成狭窄。

【症状及诊断】

(1) 肉芽肿 主要发生在乳池棚及其附近，由于乳池棚裂口而使结缔组织增生，形成环状或半环状、乳头状、块状隆起，阻塞乳槽。

指捏乳头基底部一带，可清楚地触知有结节，缺乏游动性。这些组织妨碍乳汁进入乳头池。轻症不影响乳汁挤出。大的肉芽肿，在每挤头几把奶后，乳头池尚可充涨。肉芽肿完全阻塞时，乳汁不能进入乳头池，挤不出奶。

(2) 乳池闭锁 是组织异常增生的结果，乳汁不能进入乳头池，挤不出奶。

(3) 乳头池黏膜泛发性增厚，乳头池壁变厚，池腔狭窄，乳头缩小贮乳减少，挤奶时射乳量不多。

(4) 乳头池黏膜面的肿瘤，大的使乳池变窄，小的妨碍挤奶。

【治疗】 尚无有效疗法，难以根治。

发生乳池闭锁时，可于每次挤奶前用导乳管或粗针头（磨平尖端）穿通闭锁部向外导奶。按常规方法用双刃隐刃刀穿通闭锁部，切割肉芽肿组织。也可用 Hudson 氏乳管螺簧转入乳头口和乳头管内，通过阻塞膜孔，进入乳窦，旋转 3～4 周，使其进一步入乳房乳池，然后抓住乳头端，快速向下拔出乳管螺簧，将阻塞膜撕开。

液氮疗法：先将粗导乳管（前端锯掉磨光）插入乳头管内，然后将较细的铅丝置液氮罐中数分钟，取出后立即通过导乳管将闭锁部烧灼穿通，破坏肉芽组织，但也有复发的。

此外，可用眼科锐匙搔扒增生物，或在闭锁部穿通孔中塞入一消毒的纸绳，待下次挤奶后再换等，但都不能根治。因此可以考虑放弃该乳区，使其自行干奶，由其他乳区代偿泌乳。

98. 如何诊治乳头管狭窄及闭锁?

乳头管狭窄及闭锁在乳牛较多发，分为先天性和后天性的 2 种。

【病因】 先天性的很少见，可能与遗传有关。后天性的主要是挤奶方法不正确，如拇指弯曲式挤奶，用突出的拇指关节压迫乳头，长期刺激乳头管，引起黏膜发炎，组织增生，导致乳头管狭窄或闭锁。乳头末端受到损伤或发生炎症，也可引起乳头管黏膜下及括约肌间结缔组织增生，形成疤痕，导致管腔狭窄。

【症状及诊断】 乳头管狭窄者，挤奶困难，乳汁呈点滴状或细线状排出；乳头管口狭窄时，乳汁射向一方或射向四方。乳头管闭锁者，乳池充满乳汁，捏挤不出奶。撮捻乳头末端可感觉在乳头管的不同部位（管口、中部或近乳池部）有不同硬度、不同形状（豆形、圆柱形，索状或团块状）和大小不一的增生物。如仅为一层膜造成闭锁，则不易触诊清楚。

狭窄和闭锁的程度，可用探针进行诊断。完全闭锁阻塞严重的，探针不能通过；膜状闭锁，稍一用力即通过。

【治疗】可行手术扩张乳头管并使之持久开通。

手术在麻醉下进行。用乳头管刀穿入乳头管，纵行切大或切开管腔。随后放入蘸有蛋白溶解酶的灭菌棉棒，或插入螺帽乳导管。挤奶时，拧下螺帽，奶自然流出或加以挤奶；挤完后再拧上螺帽。

乳头管狭窄的，也可在挤奶前半小时，插入乳头管扩张塞，挤奶时取下。使用时，一要充分消毒；二要先用细的，由细到粗逐渐扩张；三是扩张塞在乳头管中停留时间不宜过长，以免压迫黏膜或造成括约肌麻痹而漏奶。

99. 如何给奶牛乳房送风？

乳房送风疗法，至今仍然是治疗奶牛生产瘫痪最有效和最简便的疗法，特别适用于对钙疗法反应不佳或复发的病例。其缺点是技术不熟练或消毒不严时，易引起乳腺损伤或感染。

乳房送风疗法的机理是在打入空气后，乳房内的压力随即上升，乳房的血管受到压迫，因之流入乳房的血液减少，随血液进入初乳而丧失的钙也减少，血钙水平（也包括血磷）增高。与此同时，全身血压也升高，可以消除脑的缺氧、缺血状态，使其调节血钙平衡的功能得以恢复。另外，向乳房打入空气后，乳腺的神经末梢受到刺激并传至大脑，可提高大脑的兴奋性解除其抑制状态。

向乳房内打入空气，需用专门的器械乳房送风器。使用之前应将送风器的金属筒消毒，并在其中放置干燥消毒棉花，以便滤过空气，防止感染。没有乳房送风器时，也可利用大号连续注射器或普通打气筒，但过滤空气和防止感染比较困难。

打入空气之前，使牛侧卧，挤净乳腺中的积奶并消毒乳头，然后将已经消毒而且在尖端涂有少许润滑剂的乳导管插入乳头管内，注入青霉素 10 万单位及链霉素 0.25 克（溶于 20～40 毫升生理盐水内）。

四个乳区内均应打满空气，打入多少空气才适宜，是以乳房皮肤紧张、乳腺基部的边缘清楚并且变厚、同时轻敲乳房呈现鼓响音作为衡量标准。应当注意，打入的空气不够，不会发生效果。打入空气过量，可使腺泡破裂，发生皮下气肿。但是只要稍加注意，一般不会胀破乳房腺泡；而且即使损伤了部分腺泡，对以后的产奶量也无大影响；空气逸出以后，会逐渐移向尾根一带的皮下组织中，二周左右可以消失。

乳头孔用胶布密封或用宽纱布条将乳头轻轻扎住，防止空气逸出。待病畜起立后，经过 1 小时，将纱布条解除。扎勒乳头不可过紧及过久，也不可用细线结扎。绝大多数病例在打入空气后约半小时，即能苏醒站立；治疗越早，效果越好。一般打入空气后 10 分钟，病牛鼻镜开始变湿润；15～30 分钟眼睛睁开，开始清醒，头颈姿势恢复自然状态，反射及感觉逐渐恢复，体表温度也升高。驱之起立后，立刻进食，除全身肌肉尚有颤抖及精神稍差外，其他均恢复正常。肌肉震颤虽可持续数小时之久，但最后总会消失。

100. 治疗牛乳房炎时如何做基部封闭？

牛前区乳房发炎时，从患侧前区乳房基部与腹壁之间进针，向对侧膝关节方向刺入 8～10 厘米，边退针边注射 2%～3%普鲁卡因溶液 20 毫升。后区乳房发炎时，术者位于牛的后方，在患侧乳房基部离乳房中线 1～2 厘米处进针，向同侧腕关节方向刺入 8～10 厘米，边退针边注射 2%～3%普鲁卡因溶液 20 毫升，每天 1 次，连续 2～3 次。

101. 如何给奶牛做子宫冲洗术？

子宫内膜炎是奶牛的一种常见生殖器疾病，也是导致母畜不育的重要原因之一。用冲洗子宫的方法治疗奶牛子宫内膜炎效果好。

当子宫颈封闭插管有困难时，可用雌激素刺激，促使子宫颈松弛开张后，再进行冲洗。冲洗的次数应根据子宫内膜炎的性质而定。患慢性子宫内膜炎时一般子宫内积聚的渗出物不多，冲洗子宫可以每天或隔天1次。若为黏液脓性子宫内膜炎或纤维素子宫内膜炎则每天冲洗2～3次，直到渗出物减少时，可改为每天1次或隔天1次。

冲洗液的温度一般为35～45℃较好。每次冲洗液的数量不宜过大，一般500～1 000毫升，并分次冲洗直到排出的溶液变透明为止。冲洗子宫应严格做到无菌操作。常用的冲洗液及适应证：

（1）慢性化脓性子宫内膜炎 用淡消毒液，如0.02%～0.05%高锰酸钾、淡复合碘溶液、0.01%～0.05%新洁尔灭溶液，也可用高渗盐水。

（2）慢性卡他性子宫内膜炎 用1%～10%氯化钠溶液。该冲洗液可防止被吸收，有利于排出体外，而且还可促进子宫收缩，对应用其他消毒液效果不好的病例效果显著，随着渗出物的减少，其冲洗浓度也降低。在配种前1～2小时用生理盐水（加入20万单位青霉素）或1%小苏打溶液冲洗子宫及阴道，可提高受胎率。

102. 如何治疗母牛流产？

流产是由于胎儿或母体的生理过程发生紊乱，或它们之间的正常关系受到破坏，而使怀孕中断，它可以发生在怀孕的各个阶段，但以怀孕的早期较多见。一般而言，大家畜在预产期前一个月排出的胎儿不能成活。流产的发生率与饲养管理水平及是否有传染病有很大的关系，流产所造成的损失是很大的，因此，应特别重视对流产进行防治。

【病因】流产的原因很多，大体上分为2种类型：

（1）传染性流产 是由传染病和寄生虫病引起的，又分为自发性和症状性两种。

①自发性流产：胎膜、胎儿及母畜生殖器官直接受微生物或寄生虫侵害所致，如布鲁氏菌病、胎儿滴虫病。

②症状性流产：流产仅为某些传染病或寄生虫病的一个症状，如牛结核、布鲁氏菌病、牛环形泰勒氏焦虫病等。

（2）非传染性流产　也分为自发性与症状性流产。

①自发性流产：胎膜、胎儿的畸形发育与疾病所致者比较多见。如胎膜异常：胎膜无绒毛或绒毛发育不全，多为近亲繁殖的结果。流产后，要注意检查胎儿及其附属膜。又如：尿囊液过多，在妊娠中后期，母畜腹围增大过快或特大，直肠检查感知子宫膨大并浮在上面。其原因，是由于胎儿与母体之间不协调，以及胎盘机能不良所致，见于子宫动脉或脐带动脉扭转、子宫内膜发生变性坏死、胎儿发育不良等。曾有人用大剂量青霉素肌内注射，治疗乳牛尿囊液过多症，取得了较好的疗效，可以推断该病可能与感染有关。又如，胎盘坏死及胎膜炎症多由于前一胎流产后对子宫处理不彻底尚有炎症时受胎所致，故应在流产后认真处理子宫，以防再流产。

②症状性流产：分为5种类型。

A. 饲养性流产，饲料数量不足和饲料营养价值不全（特别是蛋白质、维生素E、钙、磷、镁的缺乏），以及给予霉败、冰冻和有毒饲料，使胎儿营养物质代谢障碍所致；

B. 损伤及管理性流产，跌摔、顶碰、挤压、踢跳、重疫、鞭打、惊吓等，使母畜子宫及胎儿直接受到或间接受到冲击震动而流产；

C. 疾病性流产，母畜生殖器官疾病及机能障碍、大失血、疼痛、腹泻以及高热性疾病和慢性消耗性疾病，使胎儿或胎膜受到影响所引起；

D. 药物性流产，在妊娠期间给予子宫收缩药、泻药、利尿剂及全身麻醉等；

E. 习惯性流产，为同一孕畜发生两次以上流产。可能与近亲繁殖、内分泌机能紊乱和应激性有关。

【症状】主要有以下5种表现：

（1）胚胎消失（又称隐性流产）　妊娠初期，胚胎大部分或全部被母体吸收。常无临床症状，只有妊娠后（牛40～60天，马2～3个月，猪1.5～2.5个月）性周期又完全恢复而发情。

（2）排出未足月胎儿　有如下2种情况。

①小产：排出死亡，未经变化的胎儿，怀孕初期，因胎儿及胎膜很小，常在无分娩征兆的情况下排出，多不被发现。末期则和早产相同。

②早产：排出不足月的活胎儿，有类似正常分娩征兆和过程，但很不明显，常在排出胎儿前2～3天，乳腺及阴唇突然稍肿胀。早产的胎儿，虽活力很低，仍应尽力抢救。

(3) 胎儿干性坏疽（干尸化） 胎儿死于子宫内，由于黄体存在，故子宫收缩微弱，子宫颈闭锁，因而死胎未被排出。胎儿及胎膜水分被吸收后体积缩小变硬，胎膜变薄而紧包于胎儿（“纸质型”），呈棕黑色，犹如干尸。母畜表现为发情停止，但随妊娠时间延长，腹部并不继续增大；直肠检查，不感有胎动，子宫内无胎水，但有硬固物；子宫中动脉不变粗且无妊娠样搏动，牛的一侧卵巢有十分明显的黄体。

(4) 胎儿浸溶 胎儿死于子宫内，由于子宫颈开张，非腐败性微生物侵入，使胎儿软组织液化分解后被排出，但因子宫开张有限，故骨骼存留于子宫内。患畜表现精神沉郁，体温升高，食欲减退，腹泻、消瘦；母畜努责可排出红褐色或黄棕色的腐臭黏液或脓液，并有时排出小短骨头；黏液沾污尾及后躯，干后结成黑痂，阴道检查，子宫颈开张，阴道及子宫发炎，在宫颈或阴道内可摸到胎骨；直肠检查时，在子宫内能摸到残存的胎儿骨片。

(5) 胎儿腐败分解（气肿的胎儿） 胎儿死于子宫内，由于子宫颈开张，腐败菌（厌气菌）侵入，使胎儿内部软组织腐败分解，产生硫化氢、氨、丁酸及二氧化碳等气体积存于胎儿皮下组织、胸、腹腔及阴囊内，母畜表现腹围增大，精神不振，呻吟不安，频频努责，从阴门内流出污红色恶臭液体，食欲减退，体温升高，阴道检查，产道有炎症，子宫颈开张，触诊胎儿有捻发音。

【治疗】针对不同情况，采取不同措施。

(1) 控制流产 对有流产征兆（胎动不安，腹痛起卧，呼吸、脉搏增数等）但胎儿未被排出体外及习惯性流产，应全力保胎，以防流产。可用黄体酮注射液50～100毫克，肌内注射，每天1次，连用2～3天，亦可肌内注射维生素E。胎儿死亡，且已排出，应调养母

畜。胎儿已死，若未排出，则应尽早排出死胎，并剥离胎膜，以防继发病的发生。

(2) 小产及早产的治疗　宜灌服落胎调养方：当归 24 克、川芎 24 克、赤芍 24 克、熟地 9 克、生芪 15 克、丹参 12 克、红花 6 克、桃仁 9 克，共末冲服。

(3) 胎儿干尸化的治疗　灌注灭菌石蜡油或植物油于子宫内后，将死胎拉出，再以复合碘溶液（用温开水 400 倍稀释）冲洗子宫。当子宫颈口开张不足时，可肌内或皮下注射乙烯雌酚（必要时，间隔两天重复注射），促使黄体萎缩、子宫收缩及子宫颈开张，待宫颈开张较大后，按上述方法助产。或者待 4～5 天后黄体萎缩，其维持怀孕的机能消失，死胎可自行排出。

(4) 胎儿浸溶及腐败分解的治疗　尽早将死胎组织和分解物排出，并按子宫内膜炎处理，同时应根据全身状况配以必要的全身疗法。

【预防】根据孕畜的特点，实施综合性防治措施。

(1) 给予数量足、质量高的饲料，日粮中所含的营养成分，要考虑母体和胎儿需要，严禁饲喂冰冻、霉败及有毒饲料，防止饥饿、过渴和过食、暴饮。

(2) 孕畜要适当运动和使役，防止挤压碰撞、跌摔踢跳、鞭打惊吓、重役猛跑。作好冬季防寒和夏季防暑工作。合理选配，以防偷配、乱配。母畜的配种、预产期，都要记载。

(3) 配种（授精）、妊娠诊断；直肠及阴道检查，要严格遵守操作规程，严防粗暴从事。

(4) 定期检疫、预防接种、驱虫及消毒。凡遇疾病，要及时诊断，及早治疗，用药谨慎，以防流产。

(5) 发生流产时，先行隔离消毒，一面查明原因，一面进行处理，以防传染性流产传播。

103. 牛难产的原因有哪些？

胎儿在孕畜体内发育到足月后，连同胎膜从母体娩出的过程，称为分娩。分娩过程能否正常进行，决定于产力、产道和胎儿 3 个因素。所以，产力、产道、胎儿称为决定分娩的三要素，其中一个或几个因素异常可引起难产。

（1）产力 将胎儿从子宫中排出的力量，称为产力。它是由子宫肌及腹肌的有节律收缩共同构成的。子宫肌的收缩，称为阵缩，是分娩过程中的主要动力。腹肌和膈肌的收缩，称为努责。它与阵缩协同，对胎儿的产出也起十分重要的作用。

产力异常，包括产力出现过早、产力不足和产力减弱，是造成难产的原因之一。孕畜营养不良、疾病、疲劳、分娩时外界因素的干扰等，可使孕畜产力减弱或不足。此外，给予的子宫收缩剂不适时，也可造成产力异常，如肌内注射催产素过早，可使产力出现过早，胎儿来不及调整自己的姿势、位置和方向而造成难产，给予大剂量的麦角制剂，可引起子宫的持续收缩而致胎儿窒息。

（2）产道 产道是胎儿产出的必经之路，其大小、形状、是否柔软松弛等因素，能够影响分娩的过程。产道是由软产道和硬产道共同构成的。软产道由子宫、阴道、尿道生殖前庭及阴门构成；硬产道指的是骨盆。

骨盆畸形，骨折，子宫颈、阴道及阴门的瘢痕、粘连和肿瘤，或者发育不良，都可使产道狭窄和变形，影响胎儿的产出。

（3）胎儿因素 胎儿因素主要是指胎儿与母体产道的关系。如胎儿与产道的相对大小，胎儿与产道的相对位置、方向及姿势等。

①胎向：即胎儿的方向，也就是胎儿身体纵轴与母体身体纵轴的关系。胎向包括纵向、横向和竖向。

A. 纵向：是胎儿纵轴与母体纵轴互相平行，又分为正生纵向和倒生纵向两种情况。

B. 横向：是胎儿横卧于子宫内，胎儿的纵轴呈水平的与母体纵轴呈十字形垂直。分为背横向和腹横向 2 种。

C. 竖向：是胎儿站立或倒立于子宫内，胎儿纵轴上下的与母体纵轴呈十字垂直。它分为背竖向和腹竖向两种。

纵向是正常的胎向，横向和竖向是反常的，可致难产。

②胎位：即胎儿的位置，也就是胎儿背部与母体的腹部或背部的

关系。胎位包括上位、下位和侧位3种。

A. 上位：也叫背荐位，胎儿伏卧于子宫内，背部在上，接近母体的背部或荐部。

B. 下位：也叫背耻位，胎儿仰卧于子宫内，背部在下，接近母体的背部或耻骨。

C. 侧位：也叫背髂位，是胎儿侧卧于子宫内，背部位于一侧，接近母体的髂骨。

上位是正常的，下位和侧位是异常的。

③胎势：即胎儿的姿势，也就是胎儿各部分是伸直的或是屈曲的，正常的胎势是在正生时，胎儿的头颈和两前肢伸直；倒生时两后肢伸直。其他的胎势是异常的，如头颈侧弯、腕部前置、坐骨前置等。据统计，胎势异常造成的难产，占胎儿性难产的90%以上。

104. 如何进行牛难产的术前术后检查？

难产助产的手术效果如何，与诊断是否正确有密切的关系。经过仔细检查，确定母畜和胎儿的反常情况，并通过全面的分析和判断，才能正确地决定采用哪一种助产方法及明确预后如何。然后要把检查结果、预定使用的手术方法及其预后向畜主交代清楚，争取在手术过程中及术后取得畜主的支持、配合及信任。

(1) 询问病史　遇到难产病例，特别是需要出诊时，首先必须了解病畜的情况，以便做好必要的准备工作。询问事项主要有以下几方面：

①产期：产期如尚未到，可能是早产或流产，胎儿一般较小，容易拉出；但如果这时胎儿为下位，则矫正工作也可能遇到困难。若已产期超过，胎儿可能较大，拉出矫正都较为困难。

②年龄及胎次：母畜的年龄幼小，常因骨盆发育不全，胎儿不易排出；初产母畜的分娩过程也较缓慢。

③分娩过程：孕畜躁动不安的情况，努责开始的时间，努责的频率和强弱如何，胎水是否已经排出，胎膜及胎儿是否露出，通过这些情况可判断是否发生了难产。在胎儿尚未露出以前，其方向、位置及

姿势仍有可能是正常的，但在正生时，若一或二腿已经露出很长而不见唇部，或者唇部已经露出而不见一或二蹄尖；在倒生时，只见一后蹄或仅见尾尖，都表示胎儿已发生了姿势或其他异常。

④病畜过去的特殊病史：过去发生过的某些疾病：如阴道脓肿、阴唇裂伤等对胎儿的排出有妨碍作用。骨盆部骨质的损伤可使骨盆狭窄，影响胎儿通过。腹壁疝可使病畜努责无力。

⑤是否经过处理：如果已经对病畜进行助产，必须问明助产之前胎儿的异常是怎样的，已经死亡还是活着；助产方法如何，使用过什么器械，用在胎儿的哪一部分，如何拉胎儿及用力多大；助产结果如何，对母体有无损伤，是否注意消毒等。助产方法不当。可能造成胎儿死亡，或加重其异常程度，并使产道水肿，增加了手术助产的困难。不注意消毒，可使子宫及软产道受到感染；操作不慎，可使子宫及产道产生损伤或破裂。这些情况可以帮助我们对手术助产的效果做出正确的预后。对预后不良的病畜（如子宫破裂），应告知畜主，并及时确定处理方法。

（2）母畜的全身检查　检查母畜的全身状况时，除一般全身检查项目如体温、呼吸、脉搏等外，还要注意母畜的精神状态及能否站立，才能确定母畜的全身状况能否经受住复杂的手术。马驴的难产往往很快引起全身变化，预后应当谨慎。

另外，还要检查阴门及尾根两旁的荐坐韧带后缘是否松软，向上提尾根时荐骨后端的活动程度如何，以便确定骨盆腔及阴门能否充分扩张。同时，还需检查乳房是否胀满，乳头中能否挤出白色初乳，从而确定怀孕是否已经足月。

（3）胎儿及产道检查

①胎儿检查：主要检查胎儿的姿势、方向、位置有无反常，胎儿的死活，体格大小，进入产道的深浅，这些是术前检查的最重要的项目。检查时，手臂及母畜外阴部均需消毒。可隔着胎膜触摸胎儿的前置部分，但在大多数情况下胎膜已破裂，术者的手可伸入胎膜内直接触诊。这样既摸得清楚，又能感觉出胎儿体表的滑润程度，越滑润操作越容易。

A. 胎儿是否反常：可以通过触诊其头、颈、胸、腹、背、臀、尾及前后腿的解剖特点及状态，判断胎位、胎向及胎势的异常。

检查时，首先要弄清楚胎儿前置部位露出的情况有无异常。如果前腿已经露出很长而不见唇部，或者唇部已经露出而看不到一条或两前腿，或者仅看见尾巴，而看不见一条或两条后腿，应先将手伸入产道仔细检查，确定胎儿异常的性质及程度，而不要把露出的部分向外拉，否则可使胎儿的反常加剧，给矫正工作带来更大的困难。

有时在产道内发现两条以上的腿，这时应仔细判断是同一胎儿的前后腿，还是双胎，或者是畸形。前后腿可以根据腕关节和跗关节的形状及肘关节的位置不同作出鉴别。

B. 胎儿的大小：胎儿与产道相对大小可确定是否容易矫正和拉出。这可以从胎儿与产道间隙的大小作出判断。

C. 胎儿进入产道的深浅：如果胎儿进入产道很深，不能推回，且胎儿较小，胎势基本正常，可先试行拉出；若进入尚浅时，则应先矫正异常的胎势、胎位或胎向。

D. 胎儿的死活：对胎儿死活的判定，决定着手术方法的选择。如果胎儿已经死亡，在保全母畜及产道不受损伤的情况下，可对它采用任何措施。如果胎儿还活着，则应首先考虑挽救母子双方的方法，尽量避免锐利器械。实在不能兼顾时，则需考虑是挽救母畜还是保活胎儿。一般情况下，首先挽救的对象是母畜。

胎儿的生死与母畜阵缩的强弱有很大关系，如果阵缩持久，产程又较长，胎儿就会死亡；否则胎儿可存活较长时间。因此，如果产程缓慢，应及时检查助产。

E. 鉴别胎儿生死的方法如下：

a. 正生时，可将手指塞进胎儿口内，注意有无吸吮动作；捏拉舌头，注意有无活动。也可用手指压迫眼球，注意头部有无反应；或者牵拉前肢，感觉有无回缩动作。如果头部姿势异常无法摸到，可以触诊胸部或颈部动脉，感觉有无搏动。

b. 倒生时可将手指伸入肛门，感觉是否收缩。也可触诊脐动脉是否搏动。肛门外面如有胎粪，则表示活力不强或已死亡。对反应微弱、活力不强的胎儿和濒死胎儿，必须仔细检查判定。濒死胎儿对触诊无反应，但在受到锐利器械刺激引起剧痛时，则出现活动。

检查胎儿时，发现它有任何一种活动，均代表还活着。但只有胎儿一点也没有活的迹象时，才能做出死亡的判定。此外，胎毛大量脱落、皮下气肿、触诊皮肤有捻发音，胎衣、胎水的颜色污垢，并有腐败气味，都说明胎儿已经死亡。脱落的胎毛很难完全从子宫中清除，往往会导致不孕。

②产道检查：在检查胎儿的同时，也要检查产道。注意检查阴道的松软及润滑程度，子宫颈的松软及扩张程度；也要注意骨盆腔的大小及软产道有无异常等，骨盆腔变形、骨瘤、软产道畸形等均会使产道狭窄，影响胎儿的产出。

处理难产时，究竟应当采用什么手术方法助产，通过检查后应正确、及时而果断地做出决定，以免延误时机，给助产工作带来更大困难，同时也造成经济上的损失。

(4) 术后检查 术后检查的目的主要是判断子宫是否还有胎儿、子宫及软产道是否受损伤，此外还要检查母畜能否站立以及全身情况。必要时，检查后还可进行破伤风预防注射。

确定是否还有胎儿，可将一只手伸入子宫，另一只手从腹壁外面协助进行检查、单独从腹壁外面触诊，可静脉注射催产素 5 单位，有胎儿的出现努责，没有胎儿的则开始放乳。多胎牛产后若仍有明显的努责，须检查是否还有胎儿，另外还要注意有无子宫内翻。

助产过程中如发觉子宫及软产道有受到损伤，如见有鲜血，术后一定重点检查并及时处理。子宫的很多部位都可能发生损伤，但主要是子宫体靠近耻骨前缘的部分和子宫颈。

软产道及子宫受到损伤时，胎衣腐败容易引起伤口感染，所以胎衣能剥离的应剥离下来，不易剥离的可在子宫内放置抗生素防止胎衣腐败，等待其自行排出。

通过以上检查，可以判断母畜的预后。

105. 牛难产助产的基本原则和方法是什么？

(1) 难产助产的原则 难产助产的目的是保全母子两者生命和避免母畜生殖器官与胎儿的损伤。当有困难时，要根据情况保全二者之

一（多保全母畜）。难产助产应遵守以下原则：

①难产助产是一个艰苦细致的工作，常需花费较大力气和较长时间，因此，要有坚定的信心和毅力，并严格遵守操作规程。

②矫正胎儿的异常部分，应尽可能把胎儿推回子宫内进行。

③拉出胎儿时，为使胎儿易于通过母体骨盆。除顺骨盆轴方向外，应使胎儿肩部（正生）成斜位或臀部（倒生）成侧位，并要随产畜阵缩徐徐持续地进行。

④助产手术一般先用手进行，必要时配合产科器械。使用产科器械时，要固定牢靠，并注意保护锐部以防损伤产道。

⑤产道干燥时，用灭菌的石蜡油或植物油灌于产道内。

⑥产畜的外阴部及术者手臂和所用器械，均须严格消毒。

⑦当须使用药物时，对预后不良的产畜（可能死亡或被迫屠宰），不可使用具有强烈气味的药物。

（2）难产助产的基本方法　难产助产的基本方法有3种，即推退矫正拉出术，碎胎术和剖腹取胎术。熟练而有选择地运用上述方法就可以解决任何难产。推退矫正拉出术是难产助产的基本方法，80%以上的难产是依据此技术完成的。碎胎术只用于大家畜，它需要备有齐全的器械和熟练的技术。由于剖腹取胎术的推广与应用，较复杂的碎胎术现今已较少应用，但不十分复杂的某些碎胎术仍不失为优越的助产术。剖腹取胎虽可解脱各种难产，但此手术毕竟是大手术，病例选择不当后果可疑。兽医工作者要根据实际情况灵活运用。

106. 如何治疗牛阴道脱出？

阴道的一部或全部脱出于阴门之外，称为阴道脱出。阴道脱出分阴道上壁脱出和下壁脱出，以下壁脱出为多见。

【病因】日粮中缺乏常量元素及微量元素，运动不足，过度劳役、阴道损伤及年老体弱等，使固定阴道的结缔组织松弛，是其主要原因。

饱食后使役、瘤胃臌气、便秘、腹泻、阴道炎，长期处于向后倾斜过大的床栏，以及分娩及难产时的阵缩、努责等，致使腹内压增加，是其诱因。

【症状】一般无全身症状，多见病畜不安、拱背、顾腹和作排尿姿势。继续感染时，则出现全身症状。局部症状如下：

（1）部分脱出 常在卧下时，见到形如鹅卵到拳头大的红色或暗红色的半球状阴道壁突出于阴门外。站立时缓慢缩回。但当反复脱出后，则难以自行缩回。

（2）完全脱出 多由部分脱出发展而成，可见形似排球到篮球大的球状物突出阴门外，其末端有子宫颈外口，尿道外口常被挤压在脱出阴道部分的底部，故虽能排尿但不流畅。脱出的阴道，初呈粉红色，后因空气刺激和摩擦而瘀血水肿，渐成紫红色肉冻状，表面常有污染的粪土，而出血、干裂、结痂、糜烂等。个别伴有膀胱脱出。

【治疗】因脱出的程度不同而异。

（1）部分脱出的治疗 站立时能自行缩回的，一般不需整复和固定。在加强运动、增强营养、减少卧地，并使其保持后位高的基础上，灌服具有“补虚益气”的中药方剂，多能治愈。当站立时不能自行缩回者，则应进行整复固定，并配以药物治疗。

（2）完全脱出的治疗 应进行整复固定，并配以药物治疗。整复时，将病畜保定在前低后高的地方，裹扎尾巴并拉向体侧，选用2%明矾水、1%食盐水、0.1%高锰酸钾溶液、0.1%雷佛奴儿或淡花椒水，清洗局部及其周围。水肿严重时，热敷挤揉或划刺以使水肿液流出。然后用消毒的湿纱布或涂有抗菌药物的油纱布把脱出的阴道包盖，趁家畜不甚努责的时候用手掌将脱出的阴道托送还纳后，取出纱布，取治脱穴（阴唇中点旁开1毫米）及后海穴电针，或在两则阴唇黏膜下蜂窝织炎内注入70%酒精30～40毫升，或以栅状阴门托或绳网结予以固定，亦可用消毒的粗缝线将阴门上2/3作减张缝合或钮孔状缝合。当病畜剧烈努责而影响整复时，可作硬膜外腔麻醉或尾骶封闭。

顽固性的病例，可采用坐骨小孔缝合固定法。先在坐骨小孔投影的臀部剃毛消毒并刺一皮肤小口，一手伸入阴道内探摸坐骨小孔，将双股或四股粗缝线的一端缚一粗的圆枕或有机大衣纽扣带入阴道，另一手持长柄针向坐骨小孔方向刺入，穿透阴道，把缝线嵌入缝针缺口拔出长柄针，缝线即被导出臀部，再在外面同样嵌一圆枕或有机大衣纽扣，拉紧线打结；无长柄缝针时，可用一长粗缝针从阴道经坐骨小

孔穿出臀部。另一侧按同法进行，如此即将阴道壁和骨盆侧壁组织牢固地固定在一起。

脱出的阴道有严重感染时，应施以全身疗法，必要时，可行阴道部分切除术。

除上述处理外，配服“加味补中益气汤”能加速病愈。

加味补中益气汤：黄芪60克、党参30克、甘草12克、陈皮15克、白术30克、当归21克、升麻15克、柴胡30克、生姜12克、熟地9克，大枣3个为引，每天1剂，连服3剂。

【预防】加强饲养管理，给予营养全面足够的日粮，加强运动，防止过度劳累和损伤阴道，预防和及时治疗增加腹压的各种疾病。

107. 如何处理母牛产后子宫内翻脱出？

子宫角前端翻入子宫腔或阴道内，称为子宫内翻；子宫全部翻出于阴门之外，称为子宫脱出。二者病理程度不同。牛特别是乳牛多发。

【病因】体质虚弱，运动不足，胎水过多，胎儿过大或多次妊娠，致使子宫肌收缩力减退和子宫过度伸张引起的子宫弛缓，是其主要原因。

分娩过度延迟时子宫黏膜紧裹胎儿，随着胎儿被迅速拉出而造成的宫腔负压；分娩和胎衣不下的强烈努责；产后长期站立于向后倾斜的床栏，以及便秘、腹泻、疝痛等引起的腹压增大，是其诱因。

【症状】一般开始无全身症状，可发生子宫出血、坏死，甚至感染而引起败血症。

（1）子宫内翻　即子宫部分脱出，在牛多发生在孕角，病畜表现不安、努责、举尾等类似疝痛的症状。阴道检查，则见翻入阴道的子宫角尖端，呈柔软圆形；直肠检查时可发现子宫角似肠套叠，子宫阔韧带紧张。当病畜卧地后可看到阴道内翻的子宫角，持续努责时可发展成子宫完全脱出。

（2）完全脱出　见有呈不规则的长圆形物体突出阴门之外，有时可达跗关节。脱出的子宫黏膜表面常附着有未脱落的胎膜，剥去胎膜或自行脱落后呈粉红色或红色，后因瘀血而变为紫红色或深灰色，随着水肿呈肉冻状，且多被粪土污染和摩擦而出血，进而结痂、干裂、糜烂等。有的伴有阴道脱出。

脱出的子宫，由于在解剖和组织结构上的特点不同，各种家畜表现各异：

脱出的子宫，表面布满圆形或半圆形的海绵状母体胎盘（子叶），且分为大小两堆（大者为孕角，小者为非孕角），二者之间有一光滑的子宫体，胎盘极易出血。

【治疗】整复为主，配以药物治疗。但当子宫严重损伤坏死及穿孔而不宜整复时，应实施子宫截除术。

（1）整复 整复前，首先对患畜进行妥善的保定，可以站在前低后高的地面上，也可侧卧保定于前低后高的床面上。对动物进行全身浅麻醉，对脱出的子宫应用生理盐水冲洗，除去异物及血凝块，用灭菌单子保护。同时静脉内注射钙制剂，以减少黏膜的渗出，并根据疾病的全身情况进行补液强心和纠正代谢性酸中毒等。然后再进行整复。为使脱出子宫缩小，可用垂体后叶素行子宫壁注射；遇有胎盘出血，可用缝线结扎或药物止血。还纳子宫的方法有两种：一是由子宫角尖端开始，术者一手用拳头顶住子宫角尖端的凹陷外，小心而缓慢地将子宫角推入阴道，另一手和助手从两侧辅助配合，并防止送入的部分再度脱出。同法处理另一子宫角，逐渐将脱出的子宫全部送回骨盆腔内；二是由子宫基部开始，从两侧压挤并推送靠近阴门的子宫部分，一部分一部分的推送，直至脱出的子宫全部被送回盆腔内。待子宫被全部还纳后，将手臂尽量伸入其中，以便使子宫恢复正常位置并防止再脱出。

整复后，为防止感染，可注入抗生素类药物，为使复位后的子宫不再脱出，可灌入冷消毒药液，或将阴门稀疏缝合等。若配以子宫收缩剂或具有“补虚益气”的中药方剂，则效果更好。除阴道脱出的中药方剂外，下列方剂供使用。

益母补气散——益母草、炙芪各 120 克，升麻、党参、白术、当归各 60 克，柴胡 24 克，陈皮 30 克，炙草 45 克，共末，一次用粳米粥调灌 24 克，每天 2 次，连服 6～8 天。

（2）脱出子宫切除术 若子宫脱出后无法进行整复者，必须进行

子宫切除术。子宫切除术的适应证为：无法还纳者，子宫有严重的损伤与坏死，还纳后有可能引起全身感染者都应进行子宫切除术。

①保定：站立或侧卧保定，并将后躯垫高。

②麻醉：速眠新麻醉注射液进行全身浅麻醉，配合后海穴封闭和子宫切除线上局部浸润麻醉。

③手术：

A. 在子宫角基部作一纵行切口，检查其中有无肠管及膀胱，有则先将它们推回。仔细触诊，找到两侧子宫阔韧带上的动脉，在其前部进行结扎；粗大的动脉须结扎两道；并注意不要把输尿管误认为是动脉。

B. 在纵向切口的近子宫角基部横向切透子宫壁 6～8 厘米长，立即用弯圆针、7 号丝线于子宫壁断缘（保留子宫端）上作黏膜与浆膜的连续缝合，为此，边切边缝合，直至完全切除脱出的子宫，最后子宫角基部断端用双股 10 号丝线行 8 字形穿透基部结扎，然后将其送回骨盆腔内。

术后必须注射强心剂并大量输液。密切注意有无内出血现象。努责剧烈者，可行硬膜外麻醉，或在后海穴注射 2%普鲁卡因，防止引起断端再次脱出。有时病畜可能出现神经症状，兴奋不安，忽起忽卧；在牛可灌服酒精镇静。术后阴门内常流出少量血液，可用收敛消毒药液（如明矾等）冲洗。如无感染，断端及结扎线经过 10 天以后可以自行愈合并脱落。

【预防】子宫整复后，对阴门处按阴道脱固定缝合法缝合2～3 个纽扣缝合线打结。术后对患畜使用抗生素 3～5 天，以减少子宫内膜的感染。对有出血倾向者应用止血剂，如止血敏、维生素 K 及葡萄糖酸钙等药物，对有努责表现者，可做后海穴封闭。并进行直肠检查，在直肠内对子宫进行手法复位。

108. 如何处理母牛产后胎衣不下？

母畜分娩后胎衣在正常时限内不排出，就叫胎衣不下或胎衣滞留，胎衣为胎膜的俗称。产后排出胎衣的正常时间为 12 小时，如超过以上时间则表示异常。以饲养管理不当、有生殖道疾病的舍饲乳牛多见。有的地区乳牛胎衣不下约占健康分娩牛的8.2%，有些乳牛场甚至高达25%～40%，在个别乳牛场，每头牛平均4.5胎即被淘汰，其中多数就是由于胎衣不下引起子宫内膜炎而导致不孕者。因此，本病给牛的繁殖，尤其是乳牛业，带来极大的经济损失。

【病因】引起胎衣不下的原因很多，主要与产后子宫收缩无力、怀孕期间胎盘发生炎症及胎盘结构有关。

（1）产后子宫收缩无力 怀孕期间，饲料单纯、缺乏矿物质及微量元素和维生素，特别是缺乏钙盐与维生素A，孕畜消瘦、过肥、运动不足等，都可使子宫弛缓。

流产、早产、难产、子宫捻转时，产出或取出胎儿以后子宫收缩力往往很弱，因而发生胎衣不下。流产或早产后容易发生胎衣不下，还与胎盘上皮未及时发生变性及雌激素不足、孕酮含量高有关；难产可使子宫肌疲劳，故产后收缩无力。

在水牛，给小牛哺乳者胎衣不下的发生率为4.9%，不哺乳者为22.7%。幼畜吮乳能刺激催产素释放，增强子宫收缩，促进胎衣排出。

（2）胎盘炎症 怀孕期间子宫受到感染（如布鲁氏菌、沙门氏菌、李氏杆菌、胎儿弧菌、生殖道支原体、霉菌、毛滴虫、弓形虫或病毒等引起的感染），发生轻度子宫内膜炎及胎盘炎，导致结缔组织增生，使胎儿胎盘和母体胎盘发生粘连，流产后或产后易于发生胎衣不下。维生素A缺乏，可使胎盘上皮的抵抗力降低，也容易受到感染。

（3）胎盘组织构造 牛、羊胎盘属于上皮绒毛膜与结缔组织绒毛膜混合型，胎儿胎盘与母体胎盘联系比较紧密，这是胎衣不下发生较多的主要原因；胎盘少而大时，更易发生。

（4）其他因素 高温季节，可使怀孕期缩短，增加胎衣不下的发病率。产后子宫颈收缩过早，妨碍胎衣排出，也可以引起胎衣不下。乳牛的胎衣不下还可能与遗传有关。

【症状】胎衣不下分为部分不下及全部不下两种。

（1）胎衣全部不下 即整个胎衣未排出来，胎儿胎盘的大部分仍

与母体胎盘连接，仅见一部分已分离的胎衣悬吊于阴门之外。脱露出的部分主要为尿囊绒毛膜，呈土红色，表面上有许多大小不等的胎儿子叶。严重子宫弛缓的病例，胎衣则可能全部都滞留在子宫内；有时悬吊于阴门外的胎衣可能断离；在这些情况下，只有进行阴道或子宫触诊，才能发现子宫内还有胎衣。

经过1～2天，滞留的胎衣就腐败分解，夏天腐败更快；从阴道内排出污红色恶臭液体，内含腐败的胎衣碎片，病畜卧下时排出的多。由于感染及腐败胎衣的刺激，发生急性子宫内膜炎。腐败分解产物被吸收后，出现全身症状。病畜精神不振，拱背、常常努责，体温稍高，食欲及反刍略微减少；胃肠机能紊乱，有时发生腹泻、瘤胃弛缓、积食及臌气。但一般说来，牛及绵羊的症状较轻。

(2) 胎衣部分不下　即胎衣大部分已经排出，只有一部分或个别胎儿胎盘残留在子宫内，从外部不易发现。在牛，诊断的主要根据是恶露排出的时间延长，有臭味，其中含有腐烂胎衣碎片。

【预后】牛的胎衣不下，一般预后良好，多数牛经过一个月左右，胎衣腐败分解，自行排尽，这和牛子宫的生理防卫能力较强有关；然而常常引起子宫内膜炎、子宫积脓等，影响以后怀孕，成为乳牛业的严重问题。故对牛的胎衣不下，也应当十分重视。

【治疗】治疗胎衣不下的方法很多，概括起来可以分为药物疗法和手术疗法两大类。对牛的胎衣不下，首先可试行手术剥离，如有困难，则采用药物治疗；但亦有人反对应用手术剥离的方法，只主张采用药物疗法。

1. 药物疗法　产后经过12小时，如胎衣仍不排出，即应根据情况选用下列方法进行治疗。

(1) 促进子宫收缩　肌肉或皮下注射催产素50～100国际单位，最好在产后12小时以内注射，超过24～48小时，效果不佳。此外，尚可应用麦角新碱1～2毫克皮下注射。

灌服羊水300毫升，也可引起子宫收缩，促使胎衣排出。如灌服后2～6小时不排出胎衣，可再灌服一次。羊水可在分娩时收集，放在阴凉处，防止腐败变质。如用非本身的羊水，必须保证供羊水的母牛健康无病，尤其是没有结核病及传染性流产等传染病。用羊水治疗胎衣不下，其作用是否与羊水中含有前列腺素及雌激素等有关，尚待进一步研究。

（2）促进胎儿胎盘与母体胎盘分离 在子宫内注入5%～10%盐水3升，可促使胎儿胎盘缩小，与母体胎盘分离；高渗盐水还有促进子宫收缩的作用。但注入后须注意使盐水尽可能完全排出。

（3）防止胎衣腐败及子宫感染，等待胎衣排出 可在子宫黏膜与胎衣之间放置粉剂土霉素或四环素1～2克，把药物装入胶囊或用水溶性薄膜纸包好置放于两个子宫角中，隔日一次，共用2～3次，效果良好。也可应用其他抗生素（氟苯尼考、青霉素、链霉素）或磺胺类药物。子宫内治疗可同时肌内注射催产素。

如子宫颈口已缩小，可先注射雌激素，如乙烯雌酚、雌二醇等，使子宫颈口松软开张，便于排出积液及放置药物。且雌激素能增强子宫收缩，促进子宫的血液循环，提高子宫的抵抗力；可每天或隔天注射1次，共用2～3天。

2. 手术疗法 即剥离胎衣。胎衣不下的病牛药物治疗无效时，可在子宫颈管尚未缩小到手不能通过以前（产后2～3天），进行剥离。子宫颈管收缩的速度，犏牛比乳牛快，子宫颈管内无胎衣的（胎衣全部存在于子宫内）比有胎衣的快。

剥离胎衣应注意的原则是，容易剥离就坚持剥，否则不可强行剥离，以免损伤子宫，引起感染；而且胎衣不能完全剥净时，其后果与不剥无异。体温升高的病畜，说明子宫已有炎症，不可进行剥离，以免炎症扩散，加重病情。对这样的病例可继续采用药物疗法。

（1）术前准备 母畜外阴部按常规消毒。术者将手臂消毒后，先擦0.1%碘化酒精加以鞣化，使保护层不易脱落，然后涂油。术者手上如有伤口，不宜进行胎衣剥离，以免感染。操作时必须穿戴长臂塑料手套、长筒靴及橡皮围裙。

为了避免胎衣黏附在手上，妨碍操作，可在子宫内灌入10%盐水500～1 000毫升。母牛努责强烈时，可在后海穴用普鲁卡因封闭。

（2）操作 剥离时，一手握住悬垂的胎衣并稍牵拉，一手伸入子宫内，沿宫壁或胎膜找到子叶基部，向胎盘滑动，以无名指、小指和掌心挟住胎儿胎盘周围的绒毛膜成束状，并以拇指辅助固定子叶；然

后以食指及中指剥开母、子胎盘相结合的周缘，待剥离半周以上后，食、中指两指缠绕该盘周围的绒毛膜，以扭转的形式将绒毛从小窦中拔出。若母子胎盘结合不牢或胎盘很小时，可不经剥离，以扭转的方式使其脱离。子宫角尖端的胎盘，手难以达到，可握住胎衣，随患畜努责的节律轻轻牵拉，借子宫角的反射性收缩而上升后，再行剥离。

胎衣剥离完毕后，因子宫内可能尚存有胎盘碎片及腐败液体，必须用0.1%高锰酸钾、0.1%新洁尔灭或其他刺激性小的消毒溶液冲洗，清除子宫中的感染源。冲洗方法是将粗橡胶管（如马胃管、子宫洗涤管）的一端插至子宫的前下部，管的外端接上漏斗，倒入冲洗液2～4升；待漏斗内的液体快流完时，迅速把漏斗放低，借虹吸作用使子宫内的液体自行排出；有时病畜强烈努责，也能自行将子宫内液体排出。这样反复冲洗2～3次，至流出的液体基本清亮为止。冲洗完后，子宫内要放置抗生素等药物，隔天一次，连用2～3次，防止子宫感染。

子宫有明显炎症的病畜，剥离完后，不宜冲洗子宫，仅将抗菌药物放入子宫即可。另外有人认为，牛剥离完毕后不宜用消毒液冲洗，因子宫腔太大，冲洗液不易排出，可导致子宫弛缓，延迟复旧过程。

(3) 术后护理 手术剥离后数天内，要注意检查病畜有无子宫炎及全身情况。一旦发现变化，要及时全身应用抗生素治疗。

胎衣不下的牛、马治愈后，配种可推迟1～2个发情周期，使子宫有足够的时间恢复。

【预防】怀孕母畜要饲喂含钙维生素丰富的饲料；舍饲牛要适当增加运动时间，产前一周减少精料；分娩后让母畜自己舔干仔畜身上的黏液，尽可能灌服羊水，并尽早让仔畜吮乳或挤乳。分娩后立即注射葡萄糖酸钙溶液或饮益母草及当归煎剂或水浸液，亦有防止胎衣不下的效用。如有条件，分娩后注射催产素50单位，可降低胎衣不下的发病率。

109. 如何防治牛产后败血症？

牛产后败血症是由于难产、胎儿腐败或助产不当引起子宫、产道损伤感染，以及胎衣不下、子宫脱出等，引起局部感染。因产后母牛虚弱，抵抗力较差，加之局部感染治疗不当或不及时，可扩散发展为全身感染并表现严重的全身症状，称为产后败血症。牛产后败血症除表现高热稽留、极度沉郁、反应迟钝、食欲废绝、反刍停止等外，多数病例还在四肢关节、腱鞘、肺脏、肝脏及乳房等部位发生迁移性感染病灶、脓毒败血症。急性病例，如果延误治疗，可在2～4天死亡。但临床以亚急性病例居多，及时治疗一般均可治愈，但常遗留慢性子宫疾病或其他实质器官疾病。

对该病的治疗必须及时，重点注意以下3个方面：

(1) 及时处理和治疗原发病灶 如子宫内膜炎、阴道炎等，消除感染源。但绝对禁止冲洗子宫，并尽量减少对子宫和阴道的刺激，以免造成感染进一步扩散，使病情恶化。为促进子宫内病理产物排出，可使用雌激素和子宫收缩药，然后向子宫内投放抗生素类药物。

(2) 全身大剂量应用抗生素及磺胺类药物 如青霉素、四环素类、磺胺嘧啶、磺胺二甲基嘧啶等，连续使用，直至体温降至正常为止。

(3) 对症治疗 为增强牛的抵抗力，促进血液内有毒病理产物排出，可进行强心、补液。补液时加入适量5%的碳酸氢钠溶液及维生素C、复合维生素B等，以防止酸中毒，并补充所需维生素。在积极治疗的同时必须细心护理，加强饲养管理，促进康复。

关于该病的预防，首先应加强妊娠后期母牛的饲养管理，提高抗病能力，争取顺产；严格接产及助产过程中的卫生消毒，防止生产及产后感染的发生；加强产后母牛的饲养管理和护理，及时有效地治疗产后胎衣不下、阴道及子宫感染等疾病，消除引起产后败血症的原发性因素。

110. 奶牛产后瘫痪是怎么回事？如何防治？

奶牛产后瘫痪主要发生于饲养良好的高产奶牛，而且出现于产奶量最高之时。因此，大多数发生于第三至六胎（5～9岁），但第二至十一胎也有发生，初产奶牛几乎不发生此病。本病大多数发生于顺产

后的头三天之内（多发生于12～48小时），少数则发生在分娩过程中。本病为散发，但在有的奶牛场发病较高，治愈的母牛在下次分娩时还可以发生此病。

【病因】引起本病的发生主要有以下几方面的原因：

(1) 分娩后血钙浓度剧烈降低　是引起本病发生的直接原因。目前认为，使血钙降低的因素有以下几种：①分娩前后血钙进入初乳且动用骨钙的能力降低，是引起血钙浓度急剧下降的主要原因。干奶期中的母牛甲状旁腺的机能减退，分泌的甲状旁腺激素减少，因而动用骨钙的能力降低。怀孕末期如不更改饲料，特别是饲喂高钙日粮的母牛，血液中的钙浓度增高，刺激甲状腺分泌大量降钙素，导致动用骨钙的能力进一步降低。因此，分娩后大量血钙进入初乳时，血液中流失的钙不能得到迅速的补充，致使血钙急剧下降而发病。②在分娩过程中，大脑皮质过度兴奋，其后立即转为抑制状态，分娩后腹内压突然下降，腹腔的器官被动充血，以及血液大量进入乳房，引起暂时性的脑贫血，因而使大脑皮质的抑制程度加深，从而影响甲状旁腺，使其分泌激素的机能减退，以维持体内的平衡。加之怀孕后半期由于胎儿发育的消耗使骨骼吸收能力减弱，所以，骨骼中能被动用的钙已不多，不能补偿产后钙的大量丧失而发病。③分娩后从肠道吸收的钙量减少，也是引起血钙降低的重要原因，由于后期胎儿增大，胎水增多，占据了大部分腹腔，挤压胃肠器官，影响其活动。致使从肠道吸收的钙量显著减少，而且分娩时雌激素水平增高，对消化道功能和食欲也有影响，从而使消化道吸收的钙量更少。

(2) 饲养管理不当　由于母牛产后能量消耗很大，失水较多。加之泌乳的需要，特别是初乳中的钙含量高。如果饲料配方、活动不足等饲养管理不当，母牛就会因缺钙而瘫痪。

当是维生素D不足或合成障碍时，更易发生产后瘫痪。经肝、肾羟化酶作用后的活化型维生素D_3，具有骨钙溶解、释放作用；促进肠黏膜上皮细胞对钙的吸收作用。日粮中维生素D的供应不足或合成障碍，不仅妨碍了肠吸收钙的能力，而且也影响到骨的溶解和释放，其结果必将导致血钙含量的降低。

(3) 母牛产犊后，有的养殖户为了多挤奶，把乳房中的奶全部挤

净。这样，乳房内压就会显著下降，从而引起微血管渗漏现象加剧。血钙、血糖大量流失，加剧了乳房水肿，导致奶牛产后瘫痪，甚至引起死亡。

（4）产后感染 母牛在产犊过程中，由于进行难产救助时不小心损伤了子宫或由于消毒不严格、污染严重引起了子宫内膜炎，也可能发生瘫痪。

（5）脑皮质缺氧 主要原因是分娩后腹腔内压降低，腹腔内器官被动充血，从而导致大脑皮质贫血、缺氧。分娩后血液大量进入乳腺是引起贫血、缺氧的另一重要原因。

【症状】牛发生生产瘫痪时，表现的症状不尽相同，有典型的与轻型（非典型）的两种。

（1）典型症状 发展很快，从开始发病至典型症状表现出来，整个过程不超过12小时。病初通常是食欲减退或废绝，反刍、瘤胃蠕动及排粪排尿停止，泌乳量降低；精神沉郁，表现轻度不安；不愿走动，后肢交替踏脚，后躯摇摆，好似站立不稳，四肢（有时是身体其他部分）肌肉震颤。有些病例，与以上抑制症状相反，开始时表现的短暂不安是出现惊慌、哞叫、目光凝视等兴奋和敏感症状；头部及四肢肌肉痉挛，不能保持平衡。所有病例开始时鼻镜即变干燥，四肢及身体末端发凉，皮温降低，但有时可能出汗。呼吸变慢，体温正常或稍低，脉搏则无明显变化。这些初期症状持续时间不长，特别是表现抑制状态的母牛，不容易受到注意。

初期症状发生后数小时（多为1～2小时），病畜即出现瘫痪症状；后肢开始不能站立，虽然一再挣扎，但仍站不起来。由于挣扎用力，病畜全身出汗，颈部尤多，肌肉颤抖。

不久，出现意识抑制和知觉丧失的特征症状。病牛昏睡，眼睑反射微弱或消失，瞳孔散大，对光线照射无反应，皮肤对疼痛刺激亦无反应。肛门松弛，肛门反射消失。心音减弱，速率增快，可达80～120次/分钟；脉搏微弱，勉强可以摸到；呼吸深慢，听诊有啰音；有时发生喉头及舌麻痹，舌伸出口外不能自行缩回，呼吸时出现明显的喉头呼吸声。吞咽发生障碍，因而易引起异物性肺炎。

病畜以一种特殊姿势卧地，即伏卧，四肢屈于躯干以下，头向后弯到胸部一侧。

用手可将头颈拉直，但一松手，又重新弯向胸部；也可将病畜的头弯至另一侧胸部，因此可以证明，头颈弯曲并非一侧肌痉挛所致。个别母牛卧地之后出现癫痫症状，四肢伸直并抽搐。卧地时间稍久，可能出现瘤胃臌气症状。

体温降低也是生产瘫痪的特征症状之一。病初体温仍在正常范围之内，但随着病程发展，体温逐渐下降，最低可降至35～36℃。病畜死前处于昏迷状态，死亡时毫无动静，有时注意不到死亡时间；少数病例死前有痉挛性挣扎。如果本病发生在分娩过程中，则努责和阵缩停止，不能排出胎儿。

（2）轻型（非典型）**症状**　本型病例所占的数目较多，产前及产后很久发生的生产瘫痪也多为非典型的。其症状除瘫痪外，主要特征是头颈姿势不自然，由头部至鬐甲呈一轻度的S状弯曲。病牛精神极度沉郁，但不昏睡，食欲废绝。各种反射减弱，但不完全消失。病牛有时能勉强站立，但站立不稳，且行动困难，步态摇摆。体温一般正常或不低于37℃。

【诊断】本病的诊断主要是根据临床症状进行，其要点主要有：

（1）高产奶牛，第3～6胎，刚分娩不久（大多数在分娩后的3天之内）。

（2）神经机能障碍，精神沉郁、昏睡、知觉丧失、四肢瘫痪。

（3）病牛具有特殊的卧姿，头颈弯曲于一侧或呈S状弯曲。

（4）病牛的体温正常或降低，如果用乳房送风疗法效果良好，更可作出确诊。

（5）在生产中奶牛产后瘫痪必须与以下疾病鉴别诊断，防止误诊。

①非典型奶牛产后瘫痪与酮病区别：酮病虽然有半数左右也发生在产后数天，但它在泌乳期间的任何时间都可以发生。而且患酮病的奶牛的奶、尿、呼出的气体都具有烂苹果气味，这是酮病的一种特殊症状，另外，酮病对于钙疗法，特别是对于乳房送风疗法没有任何效果。

②与产后败血症等区别：产后败血症和由于分娩而恶化的创伤性

网胃炎的后期有些症状也和奶牛产后瘫痪的症状相似，例如：精神极度沉郁，卧地不起，有时头颈也向后置于胸部的一侧。但这些病例除非临近死亡，一般都有体温升高，眼睑、肛门，尤其是疼痛反射不会完全消失，注射钙剂后出现心律紊乱、心音增强、次数增多等。

③与脑膜炎鉴别：对于典型病例在发病初期的兴奋、敏感现象，必须与脑膜炎引起的神经症状或子宫捻转引起的腹痛进行鉴别，但随着病程的发展，并不难将其区分开。

【治疗】奶牛产后瘫痪的病程发展很快，如果不及时治疗会有50%～60%的奶牛在12～48小时内死亡。在分娩过程中或产后不久（6～8小时以内）发病的奶牛，病程发展得更快，病情也较严重。个别的可在发病后数小时内死亡。如果及时地治疗而且治疗得当的话，90%以上的奶牛都可以痊愈或好转。因此，本病是治疗越早，痊愈越快。本病目前惯用的和有效的方法是静脉注射钙制剂和乳房送风疗法。

（1）静脉注射钙制剂 这是治疗奶牛产后瘫痪的基本方法。一般常用的是静脉注射20%～25%的葡萄糖酸钙溶液500毫升，也可按每50千克体重1克纯钙的剂量进行计算。注射后6～12小时如果病牛没有反应，可重复注射，但最多不能超过3次。因为如果3次不见效，证明钙疗法对此牛没有作用。而且继续注射可能发生不良后果。使用钙的剂量过大或注射的速度过快，可使心率增快和节律不齐，严重时还可能引起心传导阻滞而发生死亡。因此，注射速度必须要慢，一般以每分钟50滴左右为宜，并随时密切注意心脏情况。如果对钙疗法无反应或复发（包括反应不完全的）除了可能是由于诊断错误或其他并发症外，另外一个重要的原因就是补充的钙量不足。对反应不佳或怀疑血磷及血镁也降低的病例，在第二次治疗时，可以同时注射等量的40%葡萄糖注射液、15%磷酸钠注射液200毫升及15%硫酸镁注射液200毫升。

（2）乳房送风疗法 见本书第100问，“如何给奶牛乳房送风?”

（3）使用肾上腺皮质激素 对于用钙制剂无效或效果不明显的，也可考虑应用胰岛素和肾上腺皮质激素，同时配合应用高糖和5%的碳酸氢钠注射液，效果更好。

(4) 对症治疗　如注射强心剂、穿刺瘤胃放气及其他辅助治疗，但应注意严禁口服给药，以防发生异物性肺炎。

(5) 加强护理　对于病牛应加强护理，多加垫草，天冷时要注意保温，病牛侧卧的时间过长，要设法使其转为腹卧或将病牛翻转，防止发生褥疮及反刍时引起的异物性肺炎；病牛愈后初次站立时，可能仍有困难或站立不稳等，必须注意加以扶持，以防跌倒；愈后1～2天内必须尽量少挤奶，以够喂犊牛为度，以后才可逐渐将奶挤净。

(6) 中药治疗　奶牛产后瘫痪可以用补中益气散，其主要成分有：炙黄芪90克、党参60克、白术60克、当归60克、牛膝60克、陈皮30克、炙干草30克、升麻30克、柴胡30克。开水冲调，温候，一次灌服。

【预防】本病的预防要点主要有：

(1) 从产前2个月开始，供给低钙磷饲料，减少日粮中摄入的钙量，以激活母牛甲状旁腺的机能。

(2) 奶牛停止挤奶后，要减少谷物精料的饲喂量，加喂优质的干草，以防止奶牛过肥，减少难产的发生。

(3) 奶牛产后严禁饮用冷水，应喝温水，最好用温热麸皮盐水汤：即由麸皮1.5～2千克、盐100～150克，用温水调制而成，也可用一些龙胆酊之类的健胃药，以保证有良好的消化机能和旺盛的食欲，有利于产后恢复。

(4) 奶牛产犊后，不要立即挤奶，初挤时不要把奶挤净。正确的挤奶方法是少量多次，逐日增加，第1～2天挤出奶量的1/3～2/5，产后6天开始挤净，以防止钙从初乳中大量排出而导致血钙骤然下降而出现瘫痪。

(5) 在有条件的奶牛场，可在产前8天开始肌内注射维生素D_3，每天1次，直到临产。并在产前4天到1周每天加喂30克镁，以防止血钙骤然下降时出现的抽搐症状。

(6) 保持牛体清洁、牛舍安静，减少应激，防止瘫痪。

(7) 奶牛产后应立即恢复高钙，以保证其钙代谢平衡。

(8) 现在在牛场中普遍采用的是在产前7天或分娩后，立即注射钙、磷制剂，也可有效地防止本病的发生。

111. 如何及时治疗奶牛产后倒地不起症？

奶牛产后倒地不起症是发生于产后奶牛的常见病，由于产后血钙过少，产伤性麻痹，维生素、微量元素缺乏等原因而导致产后瘫痪卧地不起性疾病。其多发生于晚秋至初春和八月，临床特征是产后长期卧地不起，对钙制剂治疗无反应，知觉、意识尚存，食欲正常，爬行。而本病又是产后轻瘫的并发症，由于治疗时间的延迟，治疗药物用量不足等致使母牛卧地时间延长，原发疾病治疗之后仍不起来，引起局部缺血性坏死；同时由于母牛分娩时助产不当或瘫痪卧地，母牛在治疗中企图挣扎站立等都可能引起腰部肌肉和神经的创伤性损伤，不仅直接造成长时间的躺卧，而且由于肌肉损伤时释放出肌红蛋白，故常伴有蛋白尿的出现；同时由于干奶期饲喂高蛋白、高能量饲料，母牛肥胖造成肝脂肪变性，饲料在瘤胃内异常发酵过程中所产生的有毒物质会造成机体中毒。

患病的牛多数发生于产后 0～15 天，无明显的季节和胎次之分，但从临床发病率来看，晚秋至初春和八月较多发生，第一胎及第四胎以上牛只多见，只有第二胎少见，产后的奶牛较产前的奶牛发病率高些。

【临床症状】患牛食欲正常或减退，体温正常，心率正常或增加，每分钟为 80～100 次，有的见心搏过速或心律不齐，多数患牛频频试图站立，然其后肢不能完全伸直，只能以部分屈曲的两后肢沿地面爬行，有的患牛两后肢向后移位而呈现出犬坐姿势或蛙腿姿势。

【诊断】根据病后临床特征及发病时间等可以诊断，但应估计器官损害的严重性，以便能判断预后和决定采取的措施，因此首先应检查肝、肾和心肌的功能，尤其应估计运动器官损伤的程度，如神经麻痹，肌肉破裂，骨节脱位，肌腱断裂，骨折，产后肝功能不全、麻痹性乳房炎，产后血钙过低性轻瘫，肠骨挫伤，从视诊、触诊（包括直肠检查）和从牛的知觉敏感性、站立时表现、尿检、乳房检查诊断牛的器官损伤程度，同时配合血液生化检查可有助于临床确诊。

【治疗措施】

（1）20%葡萄糖酸钙500毫升，盐酸毛果芸香碱5毫克，5%糖钠1 000毫升，10%糖1 000毫升，安钠咖3克，复合维生素B 12克，维生素C 10克混合一次静脉注射，每日2次。

（2）在上述处方治疗3天不能站立者，在第四天以后坚持每天上午用铁葫芦吊帮助起立半小时以上的时间，同时按上述处方去除盐酸毛果芸香碱，加20毫克地塞米松静脉注射，连用3天。

（3）0.1%硝酸士的宁注射液5毫升，百会穴内注射，每日1次连用2天。

（4）在停止用药后，日服健胃理气类中药，辅以复合维生素B，小苏打粉等调理胃肠功能，喂青嫩易消化饲料。

【临床处理】

（1）20%葡萄糖酸钙500毫升，盐酸毛果芸香碱5毫克，5%糖钠1 000毫升，10%糖1 000毫升，安钠咖3克，复合维生素B 12克，复合维生素C 10克混合一次静脉注射，每天2次。

（2）0.1%硝酸士的宁针5毫升，百会穴内注射，每天1次，连用2天。

（3）四三一合剂对后躯部反复涂擦，每天2次。

（4）每天上午用铁葫芦吊起病牛半小时以上的时间。

（5）按上述方法治疗，经4天用药后，第5天此牛自行起立、卧地，但步态缓慢，小心，不愿跨沟等，钙制剂改为每天上午用一次，到了用药第8天该牛基本痊愈，开始停止用药，日服健胃理气类中药，辅以复合维生素B注射液、小苏打粉等调理胃肠功能，喂青嫩易消化饲料，奶产量也上升到14千克/天，之后两个月内此牛未见异常。

112. 如何诊疗奶牛子宫内膜炎？

奶牛的子宫内膜炎是引起奶牛繁殖障碍的一个重要原因，也是影响奶牛生产的棘手问题之一，应予以重视。

（1）急性子宫内膜炎　主要发生在产后，由于分娩和助产中产道受到损伤或因胎衣不下、子宫脱、流产、子宫复旧不全等，子宫受到感染，引起子宫急性疾病。病牛出现体温升高，食欲、精神不佳，排出的恶露呈污红色，有臭味或组织碎片，或有脓性分泌物。恶露排出的时间延长（10～14天以上），直肠检查可感到子宫角粗大，回缩不好，壁厚，收缩反应弱或没有，炎症严重时有疼痛感。如能及时治疗，预后良好，能较快恢复繁殖能力。但如治疗延误或不当，可能造成败血症或多数转变为慢性子宫内膜炎，成为长期屡配不孕的母牛或可继发流产或因脓性栓子游走于其他器官形成脓肿（多见的如腕、跗、球关节脓性炎症）。治疗主要用抗生素、磺胺类药物，作全身及子宫腔内抗感染，并辅以其他支持疗法，为增强子宫的收缩和提高子宫的防卫能力，还可应用催产素和雌激素制剂。

（2）慢性子宫内膜炎　是重点讨论的内容，多数由急性炎症转化而来，但也有一开始即为慢性炎症，主要与病原有关，病原主要是一些非特异性细菌如链球菌、葡萄球菌、大肠杆菌，此外，还有棒状杆菌、单孢菌等，衣原体和支原体也可感染。在一些特异性病原感染时也可发生相应的子宫内膜炎，如布鲁氏菌、结核分枝杆菌、牛传染性鼻气管炎病毒、牛病毒性腹泻病毒等。在输精时，消毒不严，或分娩助产时不注意消毒和操作不慎，可导致这些病原感染。

【症状及诊断】依其发病经过，分为急性和慢性，就其炎症性质，分为黏液脓性和纤维蛋白性。黏液脓性子宫内膜炎、纤维蛋白性子宫内膜炎，多为急性经过，但也可转为慢性。

（1）黏液脓性子宫内膜炎　仅侵害子宫黏膜，表现体温略微升高，食欲不振，泌乳量降低，拱背、努责、常作排尿姿势，从阴道内排出黏液性或黏液脓性渗出物，卧地时排出量增大，阴门周围及尾根常黏附渗出物并干涸结痂。阴道检查，子宫颈稍微开张，有时可见脓性渗出物从子宫颈流出。直肠检查，触感一个或两个子宫角变大，宫壁变厚，收缩反应微弱，有痛感，当其中渗出物积聚多量时尚感到波动。

（2）纤维素性子宫内膜炎　不仅侵害子宫黏膜，而且侵害到子宫肌层及其血管，因而导致纤维蛋白原的大量渗出，并引起黏膜甚或肌层的坏死。表现体温升高，精神不振，食欲减退或废绝，反刍及泌乳

减少或停止；常努责，从阴门流出污红色或棕黄色的恶臭渗出物，内含黏液及污白色的黏膜组织碎片，卧地时排出增多，并常黏附于阴门周围和尾根上；将手伸入子宫，感到子宫黏膜表面粗糙。继续发展，可引起子宫穿孔或败血症。

（3）慢性子宫内膜炎　多由急性炎症转变而来，常无明显的全身症状，有时体温略微升高，食欲及泌乳稍减。阴道检查，子宫颈略开张，从子宫流出透明、混浊或杂有脓性絮状渗出物。直肠检查，触感子宫松弛，宫壁增厚，收缩反应微弱，一侧或两侧子宫角稍大。有的在临床症状、直肠及阴道检查，均无任何变化，仅屡配不孕，发情时从阴道流出多量不透明的黏液，子宫冲洗物静置后有沉淀物（隐性子宫内膜炎）；当脓液积蓄于子宫时（子宫蓄脓），子宫增大，宫壁增厚，感有波动，触摸无胎儿及子叶；当浆液积蓄于子宫时（子宫积液），子宫增大，宫壁变薄，感有波动，触摸无胎儿或子叶。

【预后】慢性卡他性炎经适当治疗一般都可痊愈，但生育力预后仍需谨慎，患病经久有深重变化，虽可临床治愈，但可屡配不孕。隐性子宫内膜炎，预后良好。子宫积水、卡他性脓性，只要消除病因，有可能再受孕。但子宫内膜发生深重变化，即使受孕，可能会流产，如炎症波及输卵管、卵巢及子宫颈，则使患畜不能再受孕。久病的慢性化脓性炎及积脓，多不易受孕。

【治疗】慢性子宫内膜炎的治疗在于恢复子宫的张力，增加子宫的血流量，促进子宫内液体排出或消除感染。

冲洗子宫对治疗慢性子宫内膜炎是行之有效的方法，在宫颈紧闭的情况下要先用雌激素制剂促使子宫颈松软，开张后，再行冲洗，患慢性子宫内膜炎一般子宫渗出物不多，冲洗可隔天一次，用35～45℃液体冲洗较好，每次用量一般为500～1 000毫升，并分次冲洗，到排出液（回流液）清亮为止。冲洗子宫必须严格遵守消毒规划，如子宫有积水、积脓的先将水和脓液排出后再冲洗。

卡他性炎常用1%～10%的盐水，开始时用浓度高的，随炎症减缓，逐渐降低盐水浓度。对隐性子宫内膜炎，配种前一小时用温热生理盐水（35～45℃）加青霉素80万单位或1%小苏打溶液冲洗子宫及阴道，可以提高受胎率。对慢性脓性子宫内膜炎一般用0.02%～

0.05%高锰酸钾、淡复方碘溶液（每100毫升溶液含复方碘溶液2～10毫升）及0.01%～0.05%新洁尔灭冲洗，用高渗盐水也有好的效果。冲洗之后可向子宫腔投抗菌防腐液或直接放入抗生素胶囊，如氟苯尼考2～4克或土霉素2～4克。慢性子宫内膜炎也还可采用中药乳、膏剂，但在子宫冲洗后配合应用效果会好些。

由于慢性子宫内膜炎病因较多，涉及因素很多，诊断上也往往经几次直肠检查和阴道检查后才能确诊。一些疗法不宜普遍使用，必须在分析病畜情况，查明原因后拟定综合方案，选择好的治疗方法，一些病变深重病例，临床治疗治愈后，子宫还有个修复过程，所以生育力的恢复还应等待时日。

113. 如何治疗奶牛阴道炎？

【病因】奶牛原发性阴道炎是由于奶牛分娩时受伤或细菌感染和授精引起损伤造成的。继发性阴道炎常见于子宫内膜炎、子宫和阴道脱出、胎衣不下等疾病。由于粪、尿以及阴道和子宫分泌物在阴道内积聚而引起感染发生阴道炎。也有因病毒感染而导致的阴道炎，如牛传染性脓疱性阴道炎和滴虫性阴道炎等。

【症状】病牛举尾、拱背、尿频、外阴肿胀，有痛感。检查可见阴道黏膜充血、肿胀。有时外观可见阴道出血、溃疡和糜烂。可见从阴道流出黏液性、脓性或者浆液性的分泌物。

【治疗】

(1) 西医疗法

①洗净外阴部，用0.2%的雷佛奴尔溶液或者0.1%的高锰酸钾溶液或2%的氯化钠苏打溶液冲洗阴道。冲洗时，要使溶液尽量都排出来，防止感染扩散。

②消毒溶液冲洗阴道后，用20万～40万单位的青霉素溶于15～25毫升的0.5%普鲁卡因溶液中，注入阴道的深部。也可用土霉素粉剂撒布在患处。

③碘仿糊剂（由碘仿、次硝酸铋、石蜡油制成）或磺胺乳剂涂擦，可治疗阴道黏膜上有伪膜的病牛。但要注意，在涂擦前，不要冲

洗阴道。

④阴道如有严重水肿，可用5%的高渗盐水（加温）冲洗阴道。

⑤25滴左右的碘酊加入100毫升的蒸馏水中，冲洗阴道，亦可治疗阴道严重水肿。

⑥如果渗出物为浆液性，而且量多时，可用3%鞣酸溶液或2%明矾溶液冲洗患部，具有收敛作用。

（2）中医疗法

①菊花100克煎水反复数次冲洗阴道。

②苦参30克，金银花250克，煎汁反复冲洗阴道。

③益母草40克，蒲公英36克，夏枯草38克，共同煎汁，一次灌服，连服3剂。

④苍术60克，山药60克，白术62克，党参59克，陈皮62克，荆芥炭27克，酒车前24克，柴胡27克，竹叶32克，甘草29克，共同煎汁，加黄酒150毫升一次灌服。

【预防】

（1）在进行人工输精或母牛自然交配时要防止阴道黏膜损伤。

（2）母牛分娩时要合理助产，防止损伤阴道黏膜。

第六章　牛的常见寄生虫病

114. 如何防治犊牛球虫病？

犊牛球虫病是由孢子虫纲中艾美耳属球虫所引起，病原体是球虫卵囊。本病多发生于春、秋季。各种年龄牛均可感染，但临床症状以半岁至2岁的犊牛较为明显，死亡率为40%左右。牛通常因采食被卵囊污染的饲料或饮水而感染，刚出生的犊牛常因吸入被卵囊污染的母牛乳汁而感染。球虫进入体内常寄生在大肠，特别是直肠的上皮细胞内。

【症状】

（1）粪便呈水样，恶臭，常常有血便出现，粪便中的血呈鲜红色。

（2）患牛常常继发高热，胃肠机能紊乱，贫血，中枢神经系统紊乱（精神沉郁、卧地不起、昏迷）等全身症状。

（3）患牛耳尖厥冷，食欲下降，心跳快而弱，皮毛粗乱。

【诊断】临床上只有从粪便中查到球虫卵囊才能确诊。同时，本病必须与下列疾病相鉴别诊断：

（1）犊牛大肠杆菌病　多发于生后数天内犊牛，粪便检查无虫卵囊，脾脏肿大。

（2）副结核　病程长，体温往往不升高，大便中或表面发现血丝，副结核菌素皮内试验呈阳性。

【治疗】

（1）磺胺噻唑1克，鞣酸蛋白1克，混合拌水灌服，每天3次，连用3天。

（2）金霉素1克拌水口服，每天2次，连用3天。

（3）氯苯胍每千克体重10毫克，拌水口服，每天1次，连用3周。

【预防】

尽可能使牛舍干燥、向阳，球虫对一般消毒药均不敏感，应用3%热氢氧化钠溶液对牛舍、牛床、食槽进行定期消毒。

115. 如何防治牛绦虫病?

牛绦虫病是指由寄生于牛体内的绦虫成虫或绦虫蚴虫引起疾病的总称，包括莫尼茨绦虫病，曲子宫绦虫病，脑多头蚴病及棘球蚴病等。

绦虫成虫引起的绦虫病的症状、治疗与预防如下：

【症状】绦虫成虫寄生于牛消化道，轻度感染的无明显症状，如果感染虫体较多，则表现有明显的症状。食欲减退，下痢与便秘交替，贫血、消瘦，粪便中常可见到乳白色的孕卵节片，镜检时可发现绦虫卵。

【治疗】灭绦灵（氯硝硫胺），每千克体重用量为60～70毫克，一次口服；或硫双二氯酚，每千克体重用量为40～60毫克，一次口服。

【预防】幼牛成熟前驱虫、成年牛预防性驱虫，一般与犊牛驱虫一起进行。消灭中间宿主地螨，可采取更换种植牧草品种，深耕土地，农作物轮作等措施。放牧时间、地点的选择，尽量避开早晨、黄昏或雨天地螨活动较强的时间放牧。绦虫蚴虫引起的疾病，根据绦虫蚴侵害的部位不同，临床表现也不同。寄生于牛的脑部，引起神经症状，原地转圈或强烈兴奋，有时沉郁，躺卧，有各种脑膜刺激症状；治疗方法可采取手术切除。寄生于肺脏、肝脏等实质性脏器，可引起脏器炎症等表现。

116. 如何防治牛线虫病?

牛线虫病是由多种寄生线虫寄生于牛体内引起的一类疾病的总称。包括犊新蛔虫病、血矛线虫病、长刺线虫病、牛口线虫病、牛网尾线虫病等。

（1）犊新蛔虫病 由犊新蛔虫寄生于4～5月龄以内的犊牛小肠而引起的小肠炎、下痢、腹痛等消化道症状为特征的寄生虫病。由于成虫的机械性刺激损伤小肠黏膜，引起黏膜出血和溃疡并继发细菌感染，从而导致肠炎；大量虫体的寄生可以引起机械堵塞、吸取营养、引起消化障碍；虫体代谢产生的毒素可引起过敏症、阵发性痉挛等。

【症状】发生细菌感染时有肠炎、血便。后期病牛臀部肌肉弛缓，四肢无力，站立不稳，大量寄生于肠道内，可导致肠阻塞或肠穿孔。在粪便中可通过集卵法检出蛔虫卵。

【治疗】敌百虫，每千克体重用量为20～40毫克，一次口服；或丙硫咪唑，每千克体重10～20毫克，一次内服；或伊维菌素，每千克体重0.2毫克，一次皮下注射。

【预防】定期进行预防性驱虫，平时做好环境卫生，及时清理粪便。

（2）牛网尾线虫病 由胎生网尾线虫寄生于牛等动物的支气管和气管内引起的、以呼吸系统症状为特征的寄生虫病。

【症状】初期咳嗽，随着病程的延长，咳嗽加重，体温升高到39.5～40℃；后期食欲降低，精神不振，营养不良，逐渐消瘦，听诊肺部有湿啰音，呼吸困难。

【治疗】海群生每千克体重用量为0.2克，一次内服；或左旋咪唑每千克体重用量为7～8毫克，肌内或皮下注射；或丙硫咪唑，每千克体重10～20毫克，一次内服。

【预防】改善饲养管理，提高抗病能力。幼牛与成牛分群饲养、放牧。

117. 如何诊治牛寄生虫性眼病？

牛寄生虫性眼病又名牛眼虫病或牛吸吮线虫病，多发于温暖、潮湿、蝇类活动频繁的季节，各种年龄的牛均易得病，5月开始发病，8～9月是发病高峰期。

【症状】由于虫体刺激，引起眼结膜角膜炎，病牛摇头不安，眼结膜潮红，角膜混浊，甚至溃疡，眼睑肿胀，眼分泌物增多。若继发

细菌感染，可导致失明。

【诊断】 通过临床症状并仔细检查病眼，在眼内发现虫体即可确诊。

【治疗】 喂服伊维菌素—奥芬哒唑混悬液，每 10 千克体重用 0.7 毫升。也可用伊维菌素—阿苯哒唑片，每 50 千克体重用 2 片。

118. 如何治疗牛囊尾蚴病？

牛囊尾蚴病是由牛带绦虫的幼虫引起的，牛是它的中间宿主，牛带绦虫寄生于人的小肠中，孕节随人的粪便排出，污染环境后，孕节及虫卵随不洁的饲草料进入牛体内钻入肠壁，随血液进入全身肌肉，主要寄生部位是牛的咬肌、舌肌、心肌、肩胛肌、颈肌等肌肉，经 10～12 周时间变为牛囊尾蚴。牛囊虫在成年牛体内一般在 9 个月内死亡，终末宿主人吃生的或半生的含有囊虫的牛肉而受感染。牛囊虫在人的小肠内，经 2～3 个月发育变为牛带绦虫，其寿命可达 20～30 年或更长。

【防治】

（1）搞好人体驱虫 在无钩绦虫流行区，对当地的人群进行驱虫，以减少牛囊尾蚴的传染源。

（2）加强饲养管理 开展卫生宣传，修建厕所，对人的大便进行无害化处理，避免人粪尿污染牛的饲料及牧场。

（3）加强牛肉检疫 对牛囊虫肉经高温处理后食用或工业用，防止人体无钩绦虫病的发生。

119. 如何防治牛螨病？

螨病是疥螨和痒螨寄生在动物体表而引起的慢性寄生性皮肤病。螨病又叫疥癣、疥虫病、疥疮等，具有高度传染性，发病后往往蔓延至全群，危害十分严重。

【病因】 寄生于不同家畜的疥螨，多认为是人疥螨的一些变种，它们具有特异性。有时可发生不同动物间的相互感染，但寄生时间较短。疥螨形体很小，肉眼不易见，呈龟形，背面隆起，腹面扁平，浅黄色。体背面有细横纹、锥突、圆锥形鳞片和刚毛，腹面有4对粗短的足。虫体前端有一假头（咀嚼式口器）。雌螨比雄螨大，其大小为0.25～0.51毫米×0.24～0.39毫米；雄螨大小为0.19～0.25毫米×0.14～0.29毫米。雌螨的第1、2对足，雄螨的第1、2、4对足的附节末端长有一带长柄的膜质、钟形吸盘。

【症状】 剧痒是整个病程的主要症状。病情越重，痒觉越剧烈。当螨在宿主皮肤上采食和活动时，就刺激神经末梢而引起痒觉。该病发痒有一个特点，即病畜进入温暖场所或运动后皮温升高时，痒觉更加剧烈。

结痂、脱毛和皮肤增厚也是螨病必然出现的症状。在虫体和毒素的刺激作用下，皮肤发生炎症，发痒处皮肤形成结节和水疱。由于蹭痒，导致结节、水疱破溃，流出渗出液。渗出液与脱落的上皮细胞，被毛及污垢混杂在一起，干燥后就结成痂皮。痂皮被擦破或除去后，创面有多量液体渗出及毛细血管出血，又重新结痂。随着角质层角化过度，患部脱毛，皮肤肥厚，失去弹性而形成皱褶。

消瘦也是本病的一个重要症状。由于发痒，病畜终日啃咬、摩擦和烦躁不安，影响正常的采食和休息，并使消化、吸收功能降低。加之该病又发生在冬季，由于皮肤裸露，体温大量散失，体内蓄积的脂肪被大量消耗，再加上患部的组织液不断向外渗出。所以，病畜逐渐消瘦，有时继发感染，严重时衰竭死亡。

牛痒螨病初期见于颈、肩和垂肉，严重时蔓延到全身。奇痒，常在墙、桩等物体上摩擦或用舌舐患部。患部脱毛，结痂，皮肤增厚失去弹性。牛疥螨病开始发生于牛的面部、颈部、背部、尾根等被毛较短的部位，严重时可波及全身。

【诊断】 实验诊断，根据其症状表现及疾病流行情况，刮取皮肤组织查找病原进行确诊。其方法是用经过火焰消毒的凸刃小刀，涂上50%甘油水溶液或煤油，在皮肤的患部与健部的交界处用力刮取皮屑，一直刮到皮肤轻微出血为止。刮取的皮屑放入10%氢氧化钾或氢氧化钠溶液中煮沸，待大部分皮屑溶解后，经沉淀取其沉渣镜检虫体。亦可直接在待检皮屑内滴少量10%氢氧化钾或氢氧化钠制片镜

检，但病原的检出率较低。无镜检条件时，可将刮取物置于平皿内，在热水上或在日光照晒下加热平皿后，将平皿放在黑色背景上，用放大镜仔细观察有无螨虫在皮屑间爬动。

【鉴别】

（1）与湿疹的鉴别　湿疹痒觉不剧烈，且不受环境、温度影响，无传染性，皮屑内无虫体。

（2）与秃毛癣的鉴别　秃毛癣患部呈圆形或椭圆形，界限明显，其上覆盖的浅黄色干痂易于剥落，痒觉不明显。镜检经10%氢氧化钾处理的毛根或皮屑，可发现癣菌的孢子或菌丝。

（3）与虱和毛虱的鉴别　虱和毛虱所致的症状有时与螨病相似，但皮肤炎症、落屑及形成痂皮程度较轻，容易发现虱与虱卵，病料中找不到螨虫。

【治疗】

（1）注射给药方法　用伊维菌素按每千克体重100～200微克剂量，一次皮下注射。

（2）涂药疗法　适合于病畜数量少、患部面积小的情况，可在任何季节应用，但每次涂药面积不得超过体表的1/3。可选择下列药物。

①克辽林擦剂：克辽林1份，软肥皂1份，酒精8份，调和即成。

②5%敌百虫溶液：来苏儿5份溶于温水100份中，再加入5份敌百虫即成。此外，亦可应用林丹、单甲脒、双甲脒、溴氰菊酯（倍特）等药物，按说明涂擦使用。

（3）药浴疗法　该法适用于病畜数量多且气候温暖的季节，也是预防本病的主要方法。药浴时，药液可选用0.025%～0.03%林丹乳油水溶液，0.05%蝇毒磷乳剂水溶液，0.5%～1%敌百虫水溶液，0.05%辛硫磷油水溶液，0.05%双甲脒溶液等。

（4）治疗时的注意事项

①为使药物有效杀灭虫体，涂擦药物时应剪除患部周围被毛，彻底清洗并除去痂皮及污物。药浴时，药液温度应按药物种类所要求的温度予以保持，药浴时间应维持在1分钟左右，药浴时应注意头部的

浸浴。

②群体药浴时，应对使用的药物预作小群安全试验，浴前饮足水，以免误饮药液。工作人员应注意自身安全防护。

③因大部分药物对螨的虫卵无杀灭作用，治疗时可根据药物使用情况重复用药2～3次，每次间隔5天，方能杀灭新孵出的螨虫，以期达到彻底治愈的目的。

【防治措施】流行地区每年定期药浴，可取得预防与治疗的双重效果；加强检疫工作，对新购入的家畜应隔离检查后再混群；经常保持圈舍卫生、干燥和通风良好，定期对圈舍和用具清扫和消毒；对患畜应及时治疗；可疑患畜应隔离饲养；治疗期间，应注意对饲养管理人员、圈舍、用具同时进行消毒，以免病原散布，不断出现重复感染。

120. 如何诊治牛弓形虫病?

牛弓形虫病是由弓形虫原虫所引起的人畜共患疾病。家畜弓形虫病多呈隐性感染；显性感染的临床特征是高热、呼吸困难、中枢神经机能障碍、早产和流产。剖检以实质器官的灶性坏死，间质性肺炎及脑膜脑炎为特征。

【临床症状】突然发病，最急性者约经36小时死亡。病牛食欲废绝，反刍停止；粪便干、黑，外附黏液和血液；流涎；结膜炎、流泪；体温升高至40～41.5℃，呈稽留热；脉搏增数，每分钟达120次，呼吸增数，每分钟达80次以上，气喘，腹式呼吸，咳嗽；肌肉震颤，腰和四肢僵硬，步态不稳，共济失调。严重者，后肢麻痹，卧地不起；腹下、四肢内侧出现紫红色斑块，体躯下部水肿；死前表现兴奋不安、吐白沫，窒息。病情较轻者，虽能康复，但可发生流产；病程较长者，可见神经症状，如昏睡，四肢划动；有的出现耳尖坏死或脱落，最后死亡。

【诊断】

(1) 病原学检查

①病料直接涂片　生前可取腹股沟浅淋巴结，急性死亡病例可取

肺、肝、淋巴结直接抹片，染色、镜检发现10～60微米直径的圆形或椭圆形小体。

②小白鼠接种　取组织病料1∶10生理盐水悬液0.5～1.0毫升，接种于小白鼠腹腔，接种后1～2周小白鼠出现蜷缩、闭目、腹部臌胀、呼吸困难至死亡。腹水抹片可发现滋养体。对小白鼠不敏感的虫株，可以采取大剂量接种来获得虫体。

（2）血清学诊断

①染色试验　新鲜弓形虫易被碱性美兰着色，但在有弓形虫抗体及同时含有辅助因子（致活剂）的新鲜人血清时，可使虫体胞浆变性，不易为美兰着色。血清滴度1∶8稀释时，能使50%虫体不着色，即认为阳性。1∶256视为活性感染，1∶1 024视为急性感染。通常动物感染弓形虫1周后血清滴度增高，4～6周达到高峰，以后下降并维持较长时间。

②间接血凝试验　由于本法具有快速、简易、实用及效果确实的优点，已广泛用于弓形虫病的诊断及流行病学调查。

③皮内试验　以弓形虫超声波裂解物腹腔或耳根皮内注射，注射后24小时出现红肿反应，肿胀中央遗留一个5毫米×5毫米黑色坏死点，即为阳性。本法用于猪，认为有较高的特异性和敏感性。

（3）免疫荧光诊断　取肺、淋巴结组织作触片，固定、染色、镜检。如各视野内有大量特异性荧光的弓形虫，其胞浆为黄绿色荧光，胞核暗而不发荧光，虫形态为月牙形，枣核形。即可确诊。

（4）类症鉴别诊断　牛弓形虫病发生在夏、秋季，症状表现高烧、胃肠炎、瘫痪卧地，与牛流行热的症状极其相似，故应进行鉴别。为此，可取病牛血液，提取血清，以间接法（双层法）染色，镜检，观察有无特异性荧光细胞，如果没有，证明牛流行热为阳性。同时，取病死牛肺、淋巴结作触片，染色，镜检。如视野下发现细胞浆为黄绿色荧光，核暗不发荧光，虫体呈月牙形、枣核形，即可确诊为牛弓形虫。

【治疗】一旦疫病流行，首先将病牛隔离，全群牛进行血清学检验，了解血清抗体水平，防止垂直感染。治疗应及时，越早越好。

磺胺制剂对本病有良好疗效，故为临床治疗普遍采用。

(1) 磺胺-5-甲氧嘧啶（SMD） 按每日每千克体重30～50毫克，静脉注射，连续注射3～5天。

(2) 磺胺嘧啶（SD）、**磺胺间甲氧嘧啶**（SMM） 按每千克体重30～50毫克，一次静脉注射，如配合使用甲氧苄氨嘧啶，或磺胺增效剂（TMP）按每千克体重10～15毫克，一次静脉注射效果更佳。

(3) 氯苯胍 剂量为每千克体重10～15毫克，内服，每天2次，连服4～6天。

(4) 二磺酰胺基-4-4-二氨基联苯砜（SDDS） 剂量为每千克体重10毫克，一次肌内注射，连用7天。

【预防】

(1) 已发生过弓形虫病的奶牛场，应定期进行血清学检查，及时检出隐性感染奶牛，并进行严格控制，隔离饲养，用磺胺类药物连续治疗，直到完全康复为止。

(2) 坚持兽医防疫制度，保持牛舍、运动场的卫生，粪便经常清除，堆积发酵后才能在地里施用；开展灭鼠工作，禁止养猫。

(3) 已发生弓形虫病时，全群牛可考虑用药物预防。按每千克饲料添加磺胺间甲氧嘧啶100毫克和磺胺嘧啶5毫克饲喂，连喂7天，可防止卵囊感染。

121. 如何诊治牛皮蝇蛆病?

牛皮蝇蛆病是由皮蝇（牛皮蝇和蚊皮蝇）的幼虫寄生于牛背部皮下所引起的寄生虫病。其临床特征是寄生部位形成瘤肿，突起。

【病因】牛皮蝇成虫外形似蜜蜂，棕褐色。夏季在牛毛上产卵，经4～7天卵孵化出幼虫，幼虫沿毛孔钻入皮肤，进入体内的幼虫移行到食道壁并寄生约6个月，再从食道壁移行到牛背部皮下，寄生约2个月，翌年春季，成熟的幼虫由皮下钻出，落地入土变成蛹，经1～2个月，蛹羽化为成虫。成虫再在牛毛上产卵，继续孵化发育。

【症状】成虫产卵时，常常引起奶牛不安，影响休息和采食。幼虫移行至皮下，使牛疼痛、发痒；幼虫寄生在牛背部形成结节，局部

增大成小的瘤肿，突起于皮肤表面，从中可挤出幼虫。幼虫从皮下钻出后留下一小的空洞，当继发细菌感染，可形成小的脓肿，牛皮质量大大下降。大量皮蝇蛆寄生时，牛背部出现无数的突起，严重者引起奶牛贫血、消瘦、奶产量下降。

【防治】预防的关键是消灭成虫，防止在牛体上产卵；消灭寄生于牛体内的幼虫，切断变为成虫而继续传播的途径。

（1）加强灭蝇工作　夏季对牛舍、运动场定期用除虫菊酯、滴滴涕等灭蝇剂喷雾。也可用4%～5%滴滴涕对牛体喷洒，每隔10天喷洒一次，可杀死产卵的成虫。

（2）保持牛体卫生　经常刷拭牛体，保持牛体卫生。当发现背部有瘤肿时，可用2%敌百虫溶液洗擦背部，隔10～20天洗擦一次；如瘤肿较软，可用手指从结节内挤出幼虫，用亚胺硫磷乳油（每千克体重用30毫升）洗擦背部。

（3）消灭进入体内的幼虫　当怀疑有本病时，为预防幼虫在体内寄生，可用倍硫磷按每千克体重4～10毫克肌内注射。蝇毒磷按每千克体重4毫克，配成15%丙酮溶液，臀部肌内注射。

122. 如何预防牛的片形吸虫病?

片形吸虫病是牛的主要寄生虫病之一。片形吸虫寄生于反刍家畜的肝脏胆管中，可引起急性或慢性肝炎和胆管炎，能导致全身性中毒和营养障碍，危害相当严重，尤其是犊牛，可引起大批死亡。牛患本病后，耕作能力下降，乳牛产奶量减少，大批病畜的肝脏成为废品，给畜牧业带来很大损失。

【流行病学】片形吸虫的成虫在动物的胆管内排出大量虫卵，并随胆汁进入消化道，随粪便排出体外。其卵经毛蚴、尾蚴，形成囊蚴，最后在牛腹腔、胆管中发育为成虫。本病呈地方性流行，在低洼、沼泽地带放牧的牲畜多发，流行时期多在秋季。

【症状】轻度感染常常不见症状。严重感染时，在童虫移行阶段患畜可突然死亡。有的病初表现体温升高，精神沉郁，食欲减退，衰弱离群，迅速发生贫血、肝区疼痛，腹水，严重者可在几天内死亡。

多发生在夏末、秋季及冬初季节。成虫在胆管寄生阶段时，多表现慢性经过，其特点是逐渐消瘦，贫血，低蛋白血症。患畜表现高度消瘦，黏膜苍白，眼睑、颌下及胸下水肿和腹水，妊娠羊可引起流产，终因恶病质而死亡，多发生在冬末春初季节。

【预防】驱除牛体内的片形吸虫，有效的药物有硫双二氯酚、硝氯酚、四氯化碳等。要预防本病，主要应做好以下几方面的工作：

（1）及时驱虫 本病的传播主要源于病畜和带虫者，因此，驱虫不仅是治疗措施，也是积极的预防措施。在我国北方地区，每年应在秋末冬初和冬末春初驱虫两次，南方地区终年放牧，可进行三次预防性驱虫。

（2）粪便处理 畜舍内的粪便应每天清除，对驱虫后排出的粪便和虫体应严格处理。

（3）消灭中间宿主 在放牧地区消灭椎实螺，最好结合兴修水利和改造低洼地等措施进行，以改变螺蛳的生活条件。此外，还可以用化学药物灭螺，可用血防 67 和硫酸铜等。施药的方法可分浸杀和喷杀 2 种，也可饲养水禽，消灭螺蛳。

（4）注意饮水和饲草卫生 片形吸虫病多流行于低洼而潮湿的地区。牲畜在吃草或饮水时最易吞吃有囊蚴附着的草料，因此应尽可能选择地势较高、干燥的地区放牧。牛最好饮自来水、井水或流动的河水，并保持水源清洁，以预防感染。

第七章　牛常见中毒病及其他疾病

123. 如何诊疗牛瘤胃酸中毒？

瘤胃酸中毒是由于大量饲喂碳水化合物饲料，致使乳酸在瘤胃中蓄积而引起的全身代谢紊乱的疾病。病牛以消化紊乱、瘫痪和休克为特征。

【病因】主要是过食含碳水化合物的饲料如小麦、玉米、黑麦及块根类饲料如甜菜、白薯、马铃薯。造成精料喂量过大的原因主要有：

（1）为了能使奶牛下胎高产，片面认为精料多，妊娠牛膘大就能高产，临产奶牛入产房后精料喂量不限。

（2）添料不均，偏饲高产牛；青饲喂量过大，粗饲料（干草）品质低劣，进食不足。此外，临产牛、高产牛抵抗力低、寒冷、气候骤变、分娩等应激因素都可促使本病的发生。

【症状】最急性通常无明显前驱症状，常于采食后3～5小时死亡。急性病牛，步态不稳，不愿行走，呼吸急促，心跳增数至100次/分以上，气喘，往往在发现症状后1～2小时死亡。死前张口吐舌，高声哞叫，摔头蹬腿，卧地不起，从口内流出泡沫状含血液体。亚急性病牛，食欲废绝，精神沉郁，呆立，不愿行走，或行走时，步态蹒跚，眼窝凹陷，肌肉震颤。病情加重者，患畜瘫痪卧地，初能抬头，很快呈躺卧姿势，头平放于地，并向背侧弯曲，呈角弓反张样，呻吟，磨牙，兴奋摔头，四肢直伸，来回摆动，后沉郁，全身不动，眼睑闭合，呈昏睡状，粪稀，色呈黄褐色、黑色，内含血液，无尿或少尿。体温多数正常，偶有轻微升高（39.5℃），心跳正常，重病增数至120次/分以上。伴肺水肿者，有气喘。血液检查见血容量、白细胞总数增加，核左移，血液生化值变化，二氧化碳结合力下降至

11.23毫摩尔/升，血糖下降为2.7毫摩尔/升以下，A/G（肝功能白、球蛋白比例）<1.25，血浆平均渗透压为744.5千帕/升。病理剖检主要病变是咽、喉、气管黏膜充血，肺瘀血和水肿，心肌水肿，瘤胃黏膜水肿，真胃黏膜脱落、坏死，黏膜下水肿，肝水肿和脂肪变性，肾水肿，脑膜充血，脑血管、神经周围水肿。

【防治】

（1）预防的办法是严格控制精料喂量 日粮供应合理，精粗比要平衡，严禁为追求乳产量而过分增加精料喂量。根据奶牛分娩后本病发病多的特点，应加强干奶牛的饲养。干奶期不应过高，以粗料为主，精料量以每天4千克为宜；为防止干奶牛抢食过多精料，可采用干奶期集中饲养法；日粮中增加2%碳酸氢钠、0.8%氧化镁或2%硅酸钠（按混合料量计）；牛只每天运动1～2小时；对产前产后牛只应加强健康检查，随时观察奶牛异常表现并尽早治疗。

（2）治疗原则 是补液、补糖、补碱。增加血容量，促进血液循环，防止或缓解酸中毒，临床主要措施为：

①5%葡萄糖生理盐水3 000～5 000毫升，5%碳酸氢钠溶液500～1 000毫升，安钠咖2克，一次静脉注射；

②山梨醇或甘露醇300～500毫升，一次静脉注射；

③庆大霉素100万单位，一次肌内注射，日注2次，四环素250万单位，一次静脉注射；

④洗胃疗法：向瘤胃中灌入常水后，再将其导出；

⑤瘤胃切开术。适用于病情轻，尚能站立的病牛，切开瘤胃，取出内容物，以降低其酸度。

124. 如何治疗牛氢氰酸中毒？

牛氢氰酸中毒是由于采食饲喂含有氰苷配糖体植物和青饲料（如桃、李、梅、杏、枇杷、樱桃等植物的茎、嫩叶、种子，亚麻叶、亚麻子、亚麻饼，尤其是与奶牛饲养关系密切的苏丹草、红三叶草、高粱苗、玉米苗等）所致。另外，上述植物遭霜冻后，可释放出游离的氢氰酸，牛采食后可发生中毒。此外，误食氰化钾、氰化钠、腈酰胺

钙等氰化物农药，也可引起氢氰酸中毒。

【临床症状】牛在采食中或采食后半小时左右突然发病，表现瘤胃臌气，口角流出大量白色泡沫的口水。可视黏膜鲜红色，血液鲜红，呼吸极度困难，抬头伸颈，张口喘息，呼出气有苦杏仁味。体温正常或低下。以后则精神沉郁，全身衰弱无力，卧地不起。结膜发绀，血液暗红。瞳孔散大，眼球和肌肉震颤，反射机能减弱，迅速窒息而死亡。

【治疗】应立即用亚硝酸钠3克、硫代硫酸钠20～30克，溶解在300毫升灭菌蒸馏水中，一次静脉注射，必要时可重复注射。在抢救氢氰酸中毒时，最好先静脉注射1%亚硝酸钠注射液，经2～3分钟后，再静脉注射10%硫代硫酸钠注射液。如无亚硝酸盐，可用美兰液代替。为阻止胃肠内氢氰酸的吸收，可内服或瘤胃内注入硫代硫酸钠30克，也可用0.1%高锰酸钾液洗胃。

【预防】要禁用高粱幼苗和玉米幼苗喂牛，对怀疑含有氰苷配糖体的青嫩草或饲料，应经过流水浸渍24小时以上再喂。如用亚麻子饼作饲料时，必须彻底煮沸，且喂量不宜过多。防止误食氰化物农药。

125. 如何治疗牛硝酸盐和亚硝酸盐中毒？

牛硝酸盐和亚硝酸盐中毒主要是由于饲喂或采食富含有硝酸盐的草料，尤其随着奶牛业的集约饲养和家畜所排泄尿多作肥料施用，使土壤中硝酸盐含量增多，生长在这些土地上的饲草和饲料，如燕麦草、苜蓿、草莓叶、甜菜叶、包心菜、白菜、野苋菜、甘薯藤、芜菁叶、菠菜以及大麦、黑麦、燕麦、高粱、玉米及其青贮等都含有较多的硝酸盐，从而导致硝酸盐中毒的发生日益增多。

使饲草和饲料中富含硝酸盐的决定性条件有：

（1）在肥沃的或施用家畜粪尿，以及氮肥的土地上生长的饲草和饲料，如禾本科作物处于生长早期阶段。

（2）日照不足（阴雨天）以及铁、铜、钼、磷、硫、锰等元素缺乏时，由于生长在这类土地上的植物进行光合作用受到影响，使植物中硝酸盐不能转化为氨基酸，使硝酸盐蓄积量增多。

（3）施用除莠剂过后，使植物中硝酸盐含量相应地增加。

（4）饲料搭配不当，尤其是缺乏碳水化合物的足够比例时，则易使硝酸盐变为亚硝酸盐。

【症状】凡是连续几天或更多时间饲喂富含硝酸盐饲草和饲料的牛群，多数的在无任何征兆中突发中毒（一般在采食过后2～4小时发病居多），经过短暂，结局又多为急性死亡。当大群牛饲养情况下，往往有几头牛同时发病，但在症状上却因个体差异而略有不同临床表现。

病牛精神沉郁，茫然呆立，不爱走动，当强迫运动时步态蹒跚、不稳。食欲不振，甚至废绝，反刍停止，嗳气也大大减少，伴发程度不同的瘤胃臌气，从口角流有大量涎水（混有泡沫），磨牙，呻吟，尿量减少而尿频，同时呈现腹痛、下痢等症状。重型病牛全身肌肉震颤，四肢无力，不能站立多被迫横卧地上，在陷入虚脱状态后1～2小时内死亡。体温一般无明显变化，有的体温多降低，呼吸浅表、促迫，进而呈现呼吸困难。心搏动增强，脉数170次/分，脉细而弱，颈静脉怒张，可视黏膜发绀，乳房和乳头淡紫或苍白（贫血性），妊娠母牛多发生流产。

【诊断】

（1）实验室检验

①血液学变化：血凝不全，呈巧克力色，红、白细胞数增多，血红蛋白含量升高。淋巴细胞数减少，中性粒细胞数增多。血氧分压（PO_2）降低（死亡病牛降低到60%以下）。血液中硝酸盐、亚硝酸盐，以及高铁血红蛋白等含量均增多，随病情发展三者间呈平行地增减。血氨、血糖等含量也增多。

②肝功能溴磺酞钠清除试验：当高铁血红蛋白含量在35%以上时，其潴留值降低。

③尿液变化：尿蛋白、尿糖检验均呈阴性。

（2）根据发病病史的调查、临床症状的观察，以及实验室检验的结果可建立病性诊断。如有饲喂富含硝酸盐饲料的病史，症状中的血液呈黑红色（高铁血红蛋白血症的特征之一），可视黏膜发绀，呼吸

困难和急性窒息（急性贫血性氧饥饿），以及实验室应用二苯胺法检测饲草、血液、胃液、尿液和胸、腹水等呈硝酸盐阳性。在类症鉴别诊断上，应与尿素中毒、氢氰酸中毒以及有机磷农药中毒等，加以区分。

【治疗】只要做到及早确诊，及时合理地治疗，即便重型病例也可望康复。但延误治疗时机的多半结局是死亡。药物治疗多用氧化还原剂——美兰（亚甲蓝）制剂，应用生理盐水或5%葡萄糖溶液制成4%美兰注射液，剂量按每千克体重9毫克，静脉注射。在这里应提及注意的是剂量和浓度问题，有的学者主张在应用美蓝制剂宜小剂量、低浓度，即便在治疗过程中药效有些不足时，也可再次静脉注射，禁忌应用大剂量、高浓度。其原因是在应用其小剂量、低浓度时，先经辅酶Ⅰ作用，变成白色美兰时，白色美兰可将高铁血红蛋白还原为氧合血红蛋白，起到治疗效果。若大剂量、高浓度时，尤其当辅酶Ⅰ不足以使其全部还原为白色美兰时，则过多的美兰却成为氧化剂，便发挥其氧化作用，使氧合血红蛋白再氧化为高铁血红蛋白（与亚硝酸盐作用一样），起到中毒致病作用。也有的学者对上述的理论持否定态度。除应用美兰制剂（特效解毒药之一）外，尚有甲苯胺蓝制剂，剂量按每千克体重5毫克，配成5%甲苯胺蓝注射液，进行肌内或静脉注射。据临床实验结果表明：其还原高铁血红蛋白的速度比美兰制剂快37%，这有利于危重病例的紧急抢救。维生素C制剂，具有使高铁血红蛋白还原为低铁血红蛋白的效果，剂量每千克体重5～20毫克，静脉注射。此外，还可进行对症疗法，如尼可刹米、樟脑油等药物，酌情分别用于兴奋呼吸中枢和强心等治疗目的。

【防治】预防关键是清除所有的含硝酸盐成分的饲草和饲料，以及有效地制止硝酸盐转化为亚硝酸盐过程等。

（1）在种植饲草或饲料的土地上，限制施用家畜的粪尿和氮肥，以减少其中硝酸盐含量。

（2）对含有硝酸盐的饲草和饲料，在饲喂量上要严格控制，或只饲喂硝酸盐含量低的作物（禾本科牧草除外），或谷实部分，或与无硝酸盐饲草和饲料混饲。至于病牛或体质虚弱犊牛，禁止饲喂上述的草料更为安全。

（3）饲喂富含碳水化合物成分的饲料时，应添加碘盐和维生素A、维生素D制剂。

（4）应用四环素饲料添加剂（每千克体重30～40毫克），或金霉素饲料添加剂（每千克体重22毫克），可在2周内有效地控制硝酸盐转化成亚硝酸盐的速度。

126. 如何治疗牛有机磷中毒？

有机磷中毒，是由于畜禽接触、吸入或误食某种有机磷农药所引起的一种中毒病。临床上以体内胆碱酯酶活性被钝化，乙酰胆碱蓄积而出现胆碱能神经兴奋效应为特征。

【病因】引起中毒的有机磷农药主要有甲拌磷、对硫磷和内吸磷，其次是乐果、敌百虫和马拉硫磷。有机磷农药可经消化道、呼吸道或皮肤进入机体而引起中毒。可发生于下列情况：误食撒布有机磷农药的青草、庄稼，或误饮撒药地区附近的地面水；配制或撒布药剂时，粉末或雾滴沾染附近或下风方向的畜舍、运动场、草料、饮水，被畜禽舔吮、采食或吸入；误用配制农药的容器当作饲槽、水桶而饮喂畜禽；用药不当，如滥用有机磷农药治疗外寄生虫，超量灌服敌百虫用于胃肠驱虫或治疗完全阻塞的肠便秘；此外，还有人为放毒。

【症状】畜禽食入或接触有机磷农药后数小时内突然出现急性中毒症状。病初精神兴奋，狂暴不安，向前猛冲，向后暴退，无目的奔跑，以后高度沉郁，甚至倒地昏睡。瞳孔缩小，严重者成一线状。肌肉痉挛，先自眼睑、颜面部肌肉开始，以后逐渐至全身肌肉震颤。四肢肌肉痉挛时，病畜站立时频频踏步，横卧时作游泳样动作。

消化系统症状，口腔湿润或流涎，食欲大减或废绝，腹痛不安，肠音高朗连绵不断，排稀水样粪便，甚而排粪失禁，有时粪内混有黏液或血液。重症后期，肠音减弱或消失，并伴发臌胀。

全身症状，先在胸前、会阴、阴囊周围出汗，而后全身汗淋漓。体温多升高，呼吸困难，猪常张口呼吸。心跳急速，脉搏细弱，甚至不感于手。血液中胆碱酯酶活性降低。一般降到50%以下，严重的中毒，则降到30%以下。

【诊断】根据有接触有机磷农药的病史，结合神经症状和消化系统症状，进行综合分析可以建立初步诊断。要确诊需进行胆碱酯酶活力测定和毒物检验。

【治疗】立即实施特效解毒，然后尽快除去尚未吸收的毒物。

实施特效解毒，需同时用胆碱酯酶复活剂和乙酰胆碱对抗剂，才有确实疗效。胆碱酯酶复活剂，常用的有解磷定、氯磷定、双解磷、双复磷等。解磷毒、氯磷定剂量为每千克体重10～39 毫克，用生理盐水配成 2.5%～5%溶液，缓慢静脉注射，以后每隔 2～3 小时注射一次，剂量减半，直至症状缓解。双解磷和双复磷的剂量为解磷定的一半，用法相同。

乙酰胆碱对抗剂，常用硫酸阿托品，一次用量牛为每千克体重 0.25 毫克，马、羊、猪、犬每千克体重 0.5 毫克，皮下或肌内注射。经 1～2 小时症状未见减轻的，可减量重复应用，直到出现所谓阿托品化状态（即口腔干燥，出汗停止，瞳孔散大，心跳加快等）。阿托品化之后，应每隔 3～4 小时皮下或肌内注射一次。

除去尚未吸收的毒物，经皮肤玷污的可用 5%石灰水、0.5%氢氧化钠液或肥皂水洗刷皮肤；经消化道中毒的，可用 2%～3%碳酸氢钠溶液或食盐水洗胃，并灌服活性炭。但须注意，敌百虫中毒不能用碱水洗胃和清洗皮肤，否则会转变成毒性更强的敌敌畏。

127. 如何治疗牛棉籽饼中毒？

【病因】棉籽饼含蛋白质 33%～40%，可作为牛的蛋白质饲料。棉籽中含有一种有毒棉酚，棉酚与蛋白质、氨基酸、磷脂等结合而生成结合棉酚，毒性消失，未与上述物质结合的游离棉酚，因其具有活性羟基和醛基而呈现毒性作用。经过加工调制、加热、浸泡等处理，其毒性减小而变成无害。目前认为，犊牛阶段因其瘤胃发育不全，故对棉酚有一定的易感性；成年牛瘤胃已发育完全，棉酚在瘤胃中能被细菌和瘤胃可溶性蛋白质结合，结果形成结合棉酚而毒性丧失。

根据上述分析，引起棉籽饼中毒的原因是：对犊牛，长期饲喂未经加工调制的棉籽饼，棉酚在体内蓄积。对成年牛，日粮不全、蛋白质水平低，维生素 A 缺乏或不足及长期大量饲喂棉籽饼而造成。

【症状】

(1) 急性中毒 病牛食欲废绝，反刍停止，瘤胃弛缓或瘤胃积食，呻吟，心跳增数至100次/分钟，心音微弱，黏膜发绀，初便秘，后腹泻，有的呈兴奋不安，运动失去平衡，全身肌肉发抖，脱水，眼凹陷，经2～3天，死亡率达30%左右。

(2) 慢性中毒 消化紊乱，食欲减少，尿频，消瘦，夜盲症，尿石症，有的继发呼吸道炎及慢性增生性肝炎，呼吸急促，贫血，黄疸，妊娠母牛流产。公牛经常举尾，频频做排尿姿势，尿淋漓或尿闭，尿液混浊呈红色。

犊牛中毒 食欲和消化紊乱，胃肠炎，腹泻，呈佝偻病症状，也有发生夜盲症、尿石症和黄疸。

【诊断】实验室检验，尿液呈碱性，比重为1.025，含蛋白质，尿中有血红素和尿蓝母；血液变化是红细胞数减少，血红素降低，中性粒细胞增多。

根据病史、饲料调查、临床症状等综合分析可以确诊。具体分析内容是病畜突然发病，其实质是长期蓄积中毒的突然发作；饲喂中有长期饲喂或一次大量饲喂的过程；棉籽饼未经任何加工处理；日粮配合不平衡，饲料单纯，品质低劣，蛋白质、矿物质和维生素不足或缺乏；典型症状是消化紊乱、腹泻、脱水及酸中毒。

【治疗】棉籽饼中毒后尚无特效方法，主要是对症治疗。

(1) 5%葡萄糖生理盐水或复方氯化钠溶液5 000～10 000毫升，分2～3次静脉注射。每次可加入5%碳酸氢钠溶液500毫升或11.2%乳酸钠溶液200～400毫升，静脉注射。

(2) 洗胃 用常水、生理盐水注入瘤胃后，再将其由胃内导出。

(3) 投服泻剂，硫酸镁500～1 000克，加水配成10%溶液，一次灌服；0.1%高锰酸钾溶液1 000～2 000毫升，一次灌服。

【防治】

(1) 棉籽饼应经去毒处理后再喂 由于加工方法不同，棉籽饼中游离棉酚含量不同。水压榨法含0.04%～0.22%、螺旋压榨法含0.03%%～0.08%、压后浸提法含0.02%～0.05%、直接浸提法含

0.05%～0.6%。当低于0.02%时，其毒性消失。经水煮后可去毒75.5%。故应经加热、浸泡处理。浸泡液可用1.5%绿矾，浸泡3～4小时；在2%石灰水、1%氢氧化钠、2.5%碳酸氢钠液中浸泡一夜；用2%硫酸亚铁水溶液浸泡充分后再喂。

（2）在长期饲喂棉籽饼时，要注意日粮配合　饲料要多样化，可与青绿饲料、胡萝卜搭配，特别要注意维生素A、钙及硫酸亚铁的供给。

（3）严格控制喂量　按日粮精料计算，棉籽饼喂量以5%～15%为宜。为防止蓄积中毒，饲喂一段时间后，应停喂一段时间后再喂。

（4）某些生理阶段的牛不喂棉籽饼　不同生理阶段的牛对棉酚敏感性不同，哺乳期犊牛、断奶前犊牛和怀孕牛对过食棉籽饼较为敏感，因此，最好不喂。

128. 如何治疗牛马铃薯中毒？

【症状】马铃薯中毒根据食入有毒马铃薯数量不同，表现出程度不等的中毒症状。

（1）中毒较轻或慢性中毒的症状为　有胃肠炎症状，腹痛、臌胀、便秘、下痢、腹泻，有的甚至出现便血现象。病牛精神不振，流泪，嗜睡；口唇周围、阴道、肛门、乳房、尾部和四肢等部位的皮肤有湿疹或水疱性皮炎。

（2）中毒重症者　病牛表现兴奋、前撞，接着有精神沉郁、行动摇摆、后躯无力、运动失调、步态不稳、四肢麻痹等症状。病牛还伴有呼吸无力、心力衰竭、腹痛、呕吐、气喘等症状，最后心力衰竭而亡。

【治疗】采用中西医结合疗法。

（1）西医疗法

①用0.1%的高锰酸钾溶液或者鞣酸溶液洗胃，排出胃肠内的毒物，再用食盐或食用油灌服催泻。

②用1%的高锰酸钾溶液2 500～3 500毫升，给牛洗胃。然后投石蜡油550毫升和滑石粉300克。

③用硫酸钠 600 克，加水后内服。

(2) 中医疗法

①用食用醋灌服，剂量每次为 600～1 800 毫升。

②浓茶水 4 000 克，洗胃。

③藜芦根 8 克，煎汁温凉后灌服。

129. 如何防治牛霉草料中毒?

【病因】牧草保存不善，常会发霉变质，尤其是夏秋季堆垛时遭遇连续阴雨天气，草垛的中心和底部常生长大量真菌，春季养牛饲喂这部分草料，就会出现中毒症状。引起牛中毒的真菌主要是镰刀菌毒素。镰刀菌可以寄生在稻草、麦秸、甘薯秧、花生秧、多种牧草等草料上。

【防治】防治措施如下：

(1) 取用草垛底部的牧草时，要注意检查，尤其是春雨绵绵时节，更需细心，发现结块霉烂的草料，应及早抛弃。

(2) 春季注意观察牛群，发现有牛出现肢蹄部病变时，应细心检查，若确定属于发霉牧草中毒，应改用优质干草，同时补饲发芽饲料、白菜、萝卜、胡萝卜等，以补充维生素，增进食欲。

(3) 及时治疗病牛。发病初期，为促进血液循环，应热敷患肢，每天 2～3 次，每次 30 分钟，将白胡椒面 20～30 克与白酒 200～300 毫升混合后，一次灌服。对皮肤破溃者，要及时使用 0.1%新洁尔灭溶液清洗创面，创面撒布外用磺胺药，也可配合使用抗生素进行治疗。为了促进肉芽组织及上皮增生，加快疮口愈合，可用红霉素软膏涂敷患部，每天 1～2 次。病情严重者，可静脉注射 5%葡萄糖 1 000～2 000 毫升，配合 20～40 毫升 10%维生素 C。

130. 如何急救牛酒糟中毒?

不少养殖户都购进了酿酒设备，以便把原粮加工成白酒，再用酒糟饲喂牛，这种做法虽然可提高经济效益，但如果酒糟保管不科学，

露天堆放，酸化发酵速度快，很可能会发生牛酒糟中毒现象。

牛酒糟中毒的急救方法：

（1）立即停喂酒糟，改喂优质干草和精料，并加强护理，根据不同病情而对症治疗。

（2）对重症牛进行治疗。

①用10～20毫米内径的胃管洗胃，10%维生素C 50毫升、安钠咖注射液20毫升、25%葡萄糖3 000毫升，每6小时静脉滴注一次。

②5%碳酸氢钠溶液300毫升、10%葡萄糖溶液2 000毫升，静脉注射每8小时一次。

（3）对轻症牛用硫代硫酸钠溶液静脉注射，同时内服人工盐300克、碳酸氢钠120克。

131. 如何防治烂红薯中毒？

【临床表现】重度中毒后牛食欲废绝，反刍停止，全身颤抖，呼吸困难，呼吸增数达80～90次/分钟。病牛张口伸舌，并有大量泡沫样唾液，在1～3天内窒息而死。轻度中毒临床症状表现较轻，只有轻微的呼吸困难和腹泻，一般对症治疗后即可痊愈。

【病理变化】血液呈暗褐色，心外膜、胸膜有出血点，肺有间质性气肿并伴有轻度水肿。

【诊断】根据病史、临床症状，如摄食红薯后发病，发病时牛体温无变化，但有突出的喘气症状等。诊断时注意与牛传染性胸膜肺炎、牛巴氏杆菌病相区别。

【治疗】

（1）用3%双氧水溶液125毫升加入5%葡萄糖生理盐水500毫升，缓慢静脉注射。

（2）用5%葡萄糖生理盐水500毫升加入维生素C 10克（第二次及巩固量为5克），静脉注射。

（3）50%葡萄糖注射液200毫升静脉注射。

（4）葡萄糖酸钙25克加入500毫升糖盐水静脉注射。用以上方法治疗后10小时左右症状有所减轻。第2天重复用药1次，第3天巩固治疗1次。

132. 如何防治牛尿素中毒?

尿素为一种非蛋白质含氮物，可作为反刍动物的饲料添加剂使用，但若补饲不当或用量过大，则可导致中毒。发病常因尿素保管不当，被牛大量偷食，或误作食盐作用所致。此外，用尿素饲喂牛的量，成年牛应控制在每天200～300克，且在饲喂时，尿素的喂量应逐渐增多，若初次即突然按规定的量喂牛，则易发生牛尿素中毒。此外，在喷洒了尿素的草场上放牧，或含氮量较高的化肥（如硝酸铵、硫酸铵等）保管不善被牛误食也可导致牛尿素中毒。日粮中豆科饲料比例过大，肝功能紊乱等，可成为发病的诱因。

【症状】 牛过量采食尿素后30～60分钟即可发病，病初表现不安，呻吟，流涎，口炎，整个口唇周围沾满唾液和泡沫。肌肉震颤，体躯摇晃，步态不稳。瘤胃蠕动减弱，臌气，全身强直性痉挛。呼吸困难，阵发性咳嗽，肺部听诊有显著的湿啰音。脉搏增数，心跳加快。病末期，患牛高度呼吸困难，从口角流出大量泡沫样口水，肛门松弛，排粪失禁，尿淋漓，皮温不整，瞳孔散大，最后窒息死亡。

【治疗】 可立即灌服1%～3%醋酸3 000毫升，糖250～500克，常水1 000毫升，或食醋500毫升，加水1 000毫升，内服。也可用10%葡萄糖酸钙200～400毫升，或10%硫代硫酸钠液100～200毫升，静脉注射。另外可用樟脑磺酸钠注射液10～20毫升皮下或肌内注射，进行强心；三溴合剂200～300毫升灌服，进行镇静。对瘤胃臌气的病牛，可进行瘤胃穿刺放气。继发上呼吸道、肺感染的病牛，可用抗生素治疗。

【预防】 用尿素作饲料添加剂时，不应超量，在饲喂方式上应由少到多，不间断饲喂。尿素以拌在饲料中喂较好，不得化水饮服或单喂，喂后2小时内不能饮水。如日粮中蛋白质已足够，不必加喂尿素。犊牛不宜饲喂尿素。以尿素类化肥，要加强保管，安全使用，防止被牛偷食或误食。

133. 如何治疗牛中暑?

中暑是日射病和热射病的总称。在炎热季节，牛的头部受到强烈日光的直接照射，引起脑实质的急性病变，发生日射病；在潮湿闷热的环境中，机体散热困难，引起中枢神经系统机能紊乱，发生热射病。中暑通常在酷暑盛夏或环境高湿时突然发病，病牛精神沉郁或兴奋。运步缓慢，体躯摇晃，步样不稳。全身出汗，体温 42℃以上，脉搏每分钟 100 次以上。呼吸高度困难，张口呼吸，呼吸数达每分钟 80 次以上。肺泡呼吸音粗粝。结膜潮红、食欲废绝，饮欲增进。后期，高热昏迷，卧地不起，肌肉震颤，意识丧失，口吐白沫，痉挛而死。

【治疗】应立即将病牛放于阴凉通风处，用冷水泼身或灌肠，勤饮凉水。用 2.5%氯丙嗪 10～20 毫升，肌内注射或静脉滴注。当体温降至 39℃时，即停止降温。然后进行对症治疗，为纠正酸中毒，可静脉注射 5%碳酸氢钠 500～1 000 毫升；为降低颅内压可静脉注射 20%甘露醇 500～1 000 毫升或 50%葡萄糖 300～500 毫升；当病牛兴奋不安时，可静脉注射安溴注射液 100 毫升。

【预防】在炎热季节，应早晚干活，中午休息；使役时应多休息，勤饮水；在烈日下作业，应有遮挡设施。厩舍应宽敞，通风良好。用车、船运输牛时，不可过于拥挤。

134. 如何治疗母牛肥胖综合征?

母牛肥胖综合征实质上是母牛长期营养失调后又受产犊应激反应影响所引起的代谢紊乱。该病发病后往往难以治疗，必须采取综合防治办法。

【病因】母牛肥胖综合征主要原因为饲养管理不当造成的。比如，饲料品种单一，采食精料过多，粗饲料缺乏，运动不足等；混群饲养，日粮未按不同生理阶段进行调整；母牛在干奶期饲料能量过高，引起消化、代谢、生殖等功能紊乱失调。

【临床症状】根据临床症状分为急性型和亚急性型2种。

(1) 急性型 随分娩而发病。病牛食欲废绝，少乳或无乳，可视黏膜发绀、黄染，体温升高为39.5～40℃，步态僵直，目光呆滞，对外界反应微弱。有拉稀症状的，排黄色恶臭稀粪，对药物无反应，发病2～3天后卧地不起，甚至死亡。

(2) 亚急性型 多于分娩后3天发病，主要表现酮病，病牛食欲降低或废绝，乳产量骤减，粪少而干，尿具酮味，酮体反应呈阳性，伴有乳房炎、胎衣不下，子宫弛缓，产道内积多量褐色腐臭恶露，药物治疗无效，卧地不起，呻吟，磨牙。

【防治】以预防为主，采取综合防治措施。

(1) 加强饲养管理，供应平衡日粮 干奶牛限制精料喂量，增加干草喂量。分群饲养，将干奶牛与泌乳牛分开饲喂。

(2) 加强母牛的健康检查 加强产前、产后母牛的健康检查，建立酮体监测制度，提早发现病牛。凡酮体反应呈阳性者，立即治疗。定期补糖、补钙，对年老、高产、食欲不振和有酮病史的母牛，于产前1周静脉注射20%的葡萄糖溶液和20%的葡萄糖酸钙溶液各500毫升，1～3次。

(3) 及时配种 及时给母牛配种，不漏掉发情牛，提高母牛受胎率，防止奶牛干奶期过长而致肥胖。

(4) 药物治疗 药物治疗的目的是抑制脂肪分解，减少脂肪酸在肝中的积存，加速脂肪的分解利用，防止并发酮病。其原则是解毒、保肝、补糖。每头牛可用50%的葡萄糖溶液500～1 000毫升进行静脉注射，或用50%右旋糖酐静脉注射，第一次1 500毫升，后改为500毫升，每天2～3次。也可用烟酸口服，每头牛每次服12～15克，每天1次，连服3～5天。还可用丙二醇口服，每头牛每次170～342克，每天2次，连服10天。防止继发感染可使用广谱抗生素，如金霉素或四环素200万～250万单位，一次静脉注射，每日2次。

135. 如何治疗牛青草搐搦?

牛青草搐搦是反刍兽放牧于幼嫩青草地或谷苗地之后不久而突然

发生的一种低血镁症。乳牛生产瘫痪时可并发此症。在大放牧牛群中，发病率可能只占0.5%～2%，但死亡率可超出7%。

【临床诊断】急性病例表现神态不安，离群独处，停止采食，过敏及明显的神经病征。背、颈和四肢震颤，牙关紧闭，牙齿磨动，头向一侧呈反张姿势；眼球震颤，耳竖立，尾肌及后肢呈强直性痉挛，然后发展成全身性痉挛。对刺激反应增强，易兴奋或奔跑，不久倒地、滚转，样如破伤风。

亚急性病例，呈恐惧状，头部往往高举，面部、眼、耳纤维性震颤，四肢频繁运动或僵直，突闻闹声或搬移畜体时，出现明显颤抖、搐搦或惊厥，直到卧地后才停止。患牛有时凶猛，有时安静倒卧。卧地时类似生产瘫痪姿势。

慢性型病例，病初无异常，食欲和泌乳量减少，面部可能出现古怪表现及微弱的肌肉震颤，行为稍有异常。这种状态可消失，但可能突然转为其他型。

【治疗】一般认为，在反刍兽通常饲养或放牧中，镁是丰富的；但在肠道吸收镁能力降低和控制镁代谢能力丧失时，加上青草镁含量不足而钾含量很高时，就可能发生本病。在干物质日粮中，至少应含镁0.2%，如不知其含量，可在母牛日粮中补充40克镁（相当于60克氧化镁或120克碳酸镁中的含镁量），但应注意过多的食入镁，特别是硫酸镁，可引起腹泻。

一般对乳牛采用氯化钙35克、氯化镁15克，溶在1 000毫升注射用水中，缓缓静脉注射。如果无效，改用25%硼酸葡萄糖酸钙注射液500毫升，然后再用20%硫酸镁（或氯化镁，或乳酸镁）溶液200～400毫升静脉注射（缓浸注射）。

136. 如何防治牛维生素A缺乏症？

植物中的维生素A主要以维生素A原（胡萝卜素）的形式而存在的。在各种青绿饲料包括发酵的青绿饲料在内，特别是青干草、胡萝卜、南瓜、黄玉米中，都含有丰富的维生素A原，维生素A原能转变成维生素A。但在棉子、亚麻子、萝卜、干豆、干谷、马铃薯、甜菜根中，几乎不含维生素A原。犊牛腹泻、瘤胃不全角化或角化过度，都可导致维生素A缺乏症。因为大量胡萝卜素是在肠上皮中转变成维生素A的，并且主要是在肝脏中贮存维 生素A的，所以当慢性肠道疾病和肝脏疾病时，最容易继发维生素A缺乏症。

维生素A缺乏症最常发生于犊牛和幼禽，其他动物亦可发生，但极少发生于马。

【发病机制】 维生素A缺乏症主要影响动物视色素（对牛影响视紫红质）的正常代谢、骨骺的生长和上皮组织的维持。严重缺乏的母畜，更可影响胎儿正常发育。

（1）维生素A对牛视色素的影响 正常动物视网膜中的维生素A，在酶的作用下氧化，转变为视黄醛。牛的视网膜视细胞外段几乎都是视色素，其生色基团部分是视黄醛，蛋白质部分是视杆细胞视蛋白，而视色素部分是视紫红质。视细胞是一种暗光感受器，含有视色素，当曝光时，视色素分解为视黄醛和视蛋白，在黑暗时呈逆反应，再合成视色素。当维生素A缺乏或不足时，视紫红质的再生更替作用受到干扰，动物在阴暗的光线中呈现视力减弱及目盲。

（2）维生素A缺乏导致骨骼发育异常 由于成骨细胞及破骨细胞正常位置的改变和活动的破坏，影响软内骨的生长和骨骼的精细造形。骨骼生长迟缓及造形异常的主要表现在神经系统。由于颅腔脑组织过度拥挤，导致脑扭转和脑疝，脑脊液压力增高，随后出现视乳头水肿、共济失调和晕厥等特征性神经症状。由于脑神经受压、扭转和拉长，小脑进入枕骨大孔，引起机能减退和共济失调。脊索进入椎间孔，引起神经根损伤，并出现个别外周神经局部性症状。病的后期，由于面神经麻痹和视神经萎缩，引起典型的目盲现象。

（3）维生素A缺乏症能导致所有上皮细胞萎缩 但主要受影响则是既有分泌功能又有覆盖功能的上皮组织。由于分泌细胞在基础上皮上的分裂能力和发生能力的衰竭，所以在缺乏症中，这些分泌细胞逐渐被层叠的角化上皮细胞所代替，成为非分泌性的上皮组织。这种情况主要见于唾液腺、泌尿生殖道（包括胎盘，但不包括卵巢和肾小管）及副眼腺和牙齿（在釉质中齿质母细胞消失）。甲状腺素的分泌显著减少。对胃黏膜的影响不明显。由于这些上皮变化的结果，在临

床上导致胎盘变性、干眼病和角膜变化。

此外，由于维生素 A 在胎儿生长期间是器官形成的一种必需物质，因此当母畜维生素 A 缺乏时，能导致胎儿多发性先天性缺损，特别是脑水肿、眼损害等。

【临床症状】各种动物的临床症状基本上相似，只是在组织和器官的表现程度上有一些差异。

患缺乏症的动物，皮肤可呈现皮脂溢出和皮炎，牛的皮肤有麸皮样痂块。然而由于缺乏症可影响公畜和母畜的生殖能力，虽然公畜还可保留性欲，但精小管生殖上皮变性，精子活力降低，青年公牛睾丸显著地小于正常。母畜受胎作用虽未发生影响，但胎盘变性，可导致流产、死产或生后胎儿衰弱及母畜胎盘滞留。新生犊牛，可发生先天性目盲及脑病、内性水脑、脊索疝和全身水肿；亦可发生肾脏异位、心脏缺损、膈疝等其他先天性缺损。

夜盲症是一种突出的病征，除猪之外，也是最早出现的重要病征。特别在犊牛，当其他症状都不甚明显时，就可发现在早晨或傍晚或月夜中光线朦胧时，盲目前进，行动迟缓，碰撞障碍物。至于所谓“干眼病”，是指角膜增厚及云雾状形成，仅可见于犬和犊牛，而在其他动物，则见到眼分泌一种浆液性分泌物，随后角膜角化，形成云雾状，有时呈现溃疡和羞明。由于视神经受压，引起视乳头水肿及失明。失明是由于视网膜变性所致，应借检眼镜检查，予以区别。

此外，患缺乏症的动物，还可呈现中枢神经损害的病征，例如颅内压增高引起的脑病，视神经管缩小引起的目盲，以及外周神经根损伤引起的骨骼肌麻痹。由于骨骼肌麻痹而呈现的运动失调。至于脑脊液压力增高而引起的脑病，通常见于犊牛，呈现强直性和阵发性惊厥及感觉过敏的特征。

【诊断】根据饲养病史和临床特征作为初步诊断，确诊须参考病理损害特征、血浆和肝脏中维生素 A 及胡萝卜素水平、脑脊液压变化。体重丧失，生长缓慢，生殖力降低只是一般症状，不限于维生素 A 缺乏症所见。犊牛的惊厥发作及正在生长中的猪发生后躯麻痹，在其他许多疾病中也可见到。在临床上，维生素 A 缺乏症引起的脑病与低镁血症性搐搦、脑灰质软化、D 型产气荚膜梭菌引起的肠毒血症和铅中毒之间是难以区别的。至于与狂犬病和散发性牛脑脊髓炎的区别则根据前者伴有意识障碍和感觉消失，后者伴有高热和浆膜炎。

【防治】 由于维生素 A 或胡萝卜素存在于油脂中而易于被氧化，故饲料放置时间过久或预先将脂式维生素 A 掺入到饲料中，都可能被氧化、变质，特别在大量不饱和脂肪酸存在的环境中更甚。胡萝卜素酶也能破坏胡萝卜素。当补充维生素 A 时，应用醇式维生素 A 有利于动物的吸收，并能通过胎盘屏障。应用胶囊剂则可减少维生素 A 的氧化。含有高量硝酸盐和亚硝酸盐的青贮料和肥沃的牧草，能干扰胡萝卜素转变为维生素 A 的作用。反刍兽前胃微生物的发酵作用和皱胃化学及酶的作用，也可导致胡萝卜素的失效。磷缺乏时可降低胡萝卜素的转变作用，但低磷饲料则有利于维生素 A 的贮存。

各种动物每天正常需要维生素 A 最低量是每千克体重 30 国际单位，每天正常需要胡萝卜素最低量是每千克体重 75 国际单位。欲使肝脏中有所贮存，则上述吃入量必须加一倍。乳牛在妊娠和泌乳阶段，剂量可增加 50%。育肥牛的日粮，冬季每天加入维生素 A 10 000国际单位，秋季每天加入 40 000 国际单位。因为剂量过高能干扰维生素 D 在骨骼发生中的作用，应用时宜注意。至于临床病例，可按上述正常需要量增加 10～20 倍，但亦不应过高。通常是每千克体重为 440 国际单位。治疗时不用口服法而用注射法，注射剂是一种醇式而不是一种脂式维生素 A。

137. 如何治疗牛白肌病？

白肌病是由于硒和维生素 E 缺乏所引起的一种以骨骼肌、心肌纤维以及肝组织等发生变性、坏死为主要特征的疾病。

【病因】 主要是由于土壤、草料中缺乏硒和维生素 E 所致。犊牛多发。常呈地区性发生。

【症状】 病程分急性、亚急性、慢性三种类型。

（1）急性病例，病牛常突然死亡。

（2）亚急性病例，病牛精神沉郁，背腰发硬，步样强拘，后躯摇晃，后期常卧地不起。臀部肿胀，触之硬固。呼吸加快，脉搏增数，

犊牛可达120次/分钟以上。初期心搏动增强，以后心搏动减弱，并出现心律失常。

（3）慢性病例，病牛运动缓慢，步样不稳，喜卧。精神沉郁，食欲减退，有异嗜现象。被毛粗乱，缺乏光泽，黏膜黄白，腹泻多尿。脉搏增数。呼吸加快。

【防治】主要防治措施如下：

（1）预防　预防本病，关键在于加强对妊娠母牛、哺乳期母牛和犊牛的饲养管理，尤其是在冬春季节，可在饲料中添加含亚硒酸钠、维生素E粉，或肌内注射0.2%亚硒酸钠和维生素E。

（2）治疗　在加强饲养管理的同时，最好使用硒制剂或维生素E，对急性病例通常使用注射剂，对慢性病例可采用饲料中添加的办法。常用0.1%亚硒酸钠肌内注射或皮下注射，犊牛每次8～10毫升，间隔10～20天重复注射1次。维生素E肌内注射，犊牛50～70毫克，每天1次，5～7天为一个疗程。

138. 如何治疗奶牛酮血病？

奶牛酮血病是泌乳母牛在产犊后几天至几周内发生的一种代谢疾病，本病的特征是酮血症、酮尿症、酮乳症和低血糖症，病牛表现不食、昏睡或兴奋，体重下降，产奶量降低，有时发生运动失调。本病发生在舍饲的高产母牛，大多发生在产后6周内，少数在产后10周内仍发病。在高产牛群中，呈现亚临床酮病的奶牛约占产后母牛的10%～30%，可导致酮血和乳酮含量升高，泌乳量下降，体重减轻，生殖系统疾病和其他疾病发病率增高，这类牛的临床症状不明显，但血酮浓度增高至10～20毫克/分升。

【病因】在母牛产犊后的早期泌乳阶段，泌乳高峰出现最快，约在产犊后40天达最高峰，而食欲不良的母牛直至产犊后70天才达泌乳高峰。产犊后10周内若奶牛食欲较差，能量和葡萄糖的来源不能满足泌乳消耗的需要，假如饲料日粮中营养不平衡，即碳水化合物摄食不足及蛋白质和脂肪摄食过多，或者三种营养物质均摄食不足，就会产生能量负平衡及生糖先质缺乏，呈现临床和亚临床酮病。

酮病的发生基本上是由两种不合理的饲养引起，一种是动物摄食高蛋白和高脂肪饲料及低碳水化合物饲料，使泌乳早期营养不平衡，优先动员肝糖原，随后动员体脂肪和蛋白而产生大量酮体，称自发性或营养性酮病。另一种是动物在产前就存在高度营养不良的情况，在多胎妊娠的后期阶段大量动员体贮而发生酮病，称为母羊妊娠毒血症；或是产前就存在过度肥胖，在产后泌乳早期由于高度营养缺乏而大量动员体贮备导致酮病，称为母牛消耗性酮病。

【症状】酮病的症状常在母牛产犊后几天至几周出现，包括食欲缺乏，便秘，粪便上覆有黏液，精神沉郁，凝视，体重显著下降，产奶量降低，乳汁易形成泡沫，类似初乳状，有与呼吸、排尿相同的酮气味，加热时更明显。牛迅速消瘦，病牛呈拱背姿势。大多数病牛嗜睡，少数病牛可发生狂躁和激动，但还能饮水，表现为转圈，摇摆，舐、嚼和吼叫，感觉过敏，强迫运动及头执拗。这些症状间断地多次发生，每次持续1小时。往往呈现低糖血症、酮血症、酮尿症和酮乳症。尿呈浅黄色，水样，易形成泡沫。

临床病理检查，特征为低糖血症、酮血症、酮尿症和酮乳症，有些母牛血浆游离脂肪酸浓度增高，可能是由于组织的糖原异生加速的结果。血糖不平由正常的50毫克/分升下降到20～40毫克/分升，由于其他疾病继发的酮病，血糖水平约在40毫克/分升以上，并往往在正常以上。血酮水平由正常的10毫克/分升以下，升高至10～100毫克/分升，而继发性酮病虽亦增高，但很少高于50毫克/分升。尿酮定量试验，由于尿浓度变动范围很大，测定结果可能不满意。正常母牛，尿酮可升高至70毫克/分升，尽管通常低于10毫克/分升。奶中丙酮水平很少产生变动，由正常3毫克/分升到有病母牛平均40毫克/分升时糖原水平低，葡萄糖耐受曲线正常。挥发性脂肪酸水平在血液和瘤胃中都比正常母牛为高，并且瘤胃中丁酸和乙酸与丙酸比较，显著增高。至于能量状况的估计，通常根据血糖水平而定，也可根据血液挥发性脂肪酸或β-羟丁酸水平来估计。从牛群营养平衡的代谢图像可以发现，因血液羟丁酸平均水平高及葡萄糖平均水平低而能证实临床酮病流行较高的牛群，但酮病发生的严重性和症状出现的快慢，与血浆丙酮＋乙酰乙酸或游离脂肪酸水平的关系没有它与血浆

葡萄糖水平的关系那样密切。血钙水平稍降低（降到9毫克/分升）可能由于因酸中毒而尿中碱基代偿性损失增多。白细胞计数有嗜酸性粒细胞增多（可高至15%～40%），淋巴细胞增多（可高至60%～80%）及中性粒细胞减少（可低至10%）。严重病例，谷草转氨酶活性增高，其原因还不了解。

【诊断】 当血清酮体含量在10～20毫克/分升时为亚临床酮病的指标，在20毫克/分升以上时为临床酮病的指标。继发性酮病（如在子宫炎、乳房炎、创伤性网胃炎、皱胃变位等引起食欲下降而发生者）时，血酮水平亦可增高，但很少高于50毫克/分升，乳酮和尿酮试验，也有诊断意义。酮体定性试验阴性，可排除酮病。试验阳性最好再行定量。继发性酮病对葡萄糖或激素治疗无良好反应。

【治疗】 大多数病例，通过合理的治疗可以痊愈，不过有一些病例，对治疗的反应是暂时性的，以后可能复发。还有一些病例属于继发性酮病，则应着重治疗原发病。

治疗方法包括代替疗法和激素疗法，但在严重病例中所发生的低糖血症性脑病和血浆中氢化可的松水平增高，这些疗法都没有效果。对已发现明显症状的母牛，应立即用丙二醇或甘油治疗，其余未发现症状的母牛，应每天检查，视其有无酮病的迹象。

(1) 代替疗法　静脉注射50%葡萄糖溶液500毫升，对大多数母牛有明显效果，但须重复注射，否则可能复发。其所以可能复发，是由于高糖血症迅速消失，或由于剂量不足而乳糖又从奶中丧失之故。果糖溶液（每千克体重0.5克，配成50%溶液，静脉注射）可延长反应时间，但有些果糖制剂会引起特异反应，呈现呼吸急促，肌肉震颤，衰弱和虚脱，而这种反应更常于注射过程中发生。克服这种反应，则需重复给予丙二醇或甘油（每天2次，每次500克，连用2天；随后每天250克，连用2天），灌服或饲喂，效果很好。这些给药方法，最好在静脉注射葡萄糖溶液之前进行。注射葡萄糖溶液或饲喂甘油，能抑制乳中脂肪成分，节约能量，使葡萄糖和甘油发挥良好的治疗效果。但须注意，采用口服方法应用葡萄糖，无效或效果很小，因为瘤胃中的微生物使糖发酵而成为挥发性脂肪酸，其中丙酸只是少量的，因此治疗意义不大。

丙酸钠在糖原效用上应该是适合于治疗需要的，每天120～240克口服，但在牛的疗效很慢。乳酸盐也是一种高糖原效用药物；但乳酸钙或乳酸钠（第一次720克，随后每天360克，连用7天，口服）和醋酸钠（每天125～250克，口服），其效果不及丙酸钠。乳酸铵（200克，每天一次，连用5天，口服）已用之甚广，效果很好。

(2) 激素疗法 用于体质较好的病牛，促肾上腺皮质激素（ACTH）的效果是确实的。因为ACTH兴奋肾上腺皮质，促进糖皮质类固醇的分泌，既能动员组织蛋白的糖原异生作用，又可维持高血糖浓度的作用时间。并且应用ACTH 200～600单位，肌内注射，方便易行，也不需要同时给予葡萄糖先质。然而ACTH也有一些缺点，它是在消耗身体其他组织的同时刺激产生糖原异生作用的，还可能在移除过剩酮体的同时消耗草酰乙酸。此外，应用葡萄糖肾上腺皮质激素（剂量相当于1克可的松，肌内注射或静脉注射）来治疗酮病也非常满意，但往往伴同发生一定的泌乳量抑制，尽管泌乳量抑制是缺点，但却有助于病的迅速恢复。至于胰岛素（每千克体重0.5单位，皮下注射或肌内注射）的应用，过去常与葡萄糖肾上腺皮激素同时进行，但未收到令人满意的效果。

(3) 其他治疗 水合氯醛早就在牛的醋酮血病和绵羊的妊娠毒血症中应用多时，首次剂量在牛为30克，加水口服，能继之再给予70克，每天2次，连续几天。若首次剂量较大50克，通常用胶囊剂投服，继则剂量较小，放在蜜糖或水中灌服。水合氯醛的作用在于能破坏瘤胃中的淀粉及刺激葡萄糖的产生和吸收，同时通过瘤胃的发酵作用而提高丙酸的产生。氯酸钾（30克于250毫升水中，每天2次，口服）用之已广，且引起高度重视，虽被看成具有特效的抗酮作用，但没有作出合理的解释，况且常常引起严重的腹泻。维生素B_{12}（1毫克，静脉注射）和钴（每天100毫克硫酸钴，放在水中或饲料中，口服）可用于治疗酮病，单独应用或与其他标准治疗联合应用。由于在牛的酮病中怀疑辅酶A缺乏，因此有人提出可试用辅酶A的一种先质半胱氨酸（盐酸半胱氨酸0.75克配成500毫升溶液，静脉注射，每3天重复一次）治疗酮病，效果较好。

【预防】 对容易发生酮病的母牛，在产犊前应摄食能量比较高的

饲料，在分娩后能量水平还应进一步提高。根据一种最适当的饲养原则是，视体况而定，使之既不要过肥，也不宜过瘦。日粮中蛋白质含量应该适中，可占约16%。对舍饲母牛，每千克产奶量应给精饲料约3千克。

对维持体况每天吃食的干草应按每100千克体重3千克干草。粗饲料必须质量好、口味好、易消化和富营养。湿青贮和霉败的干草富含丁酸，是引起高产母牛酮血症的一种常见的生酮先质。在瘤胃中能产生大量丙酸的日粮，如能在产前和产后饲喂几个星期，有助于防止酮病，例如饲喂一种磨得很细的和做成小丸子的苜蓿干草加上一种蒸过的谷类（如玉米片、大麦片等）的日粮。这种日粮中干草与蒸谷的比率大致8∶1，有产生大量丙酸的效果。因为用了这种日粮后，就不必再喂长的干草、稻草，铡短的或其他未磨碎的粗饲料。当饲喂大量青贮时，利用干草代替青贮有好处。此外，还可饲喂丙酸钠（120克，每天2次，口服，连续10天）。

139. 如何治疗奶牛血红蛋白尿?

牛血红蛋白尿通常是指细菌性血红蛋白尿和产后血红蛋白尿，至于其他一些症候性血红蛋白尿，可见于钩端螺旋体病、双芽焦虫病和某些中毒病。

【诊断】母牛产后血红蛋白尿，是由于饲喂十字花科植物（萝卜、甘蓝、包菜、油菜等）所致，且发生于产后4周内3～6胎的泌乳牛。十字花科植物多缺磷，而长期干旱会使植物根部磷的吸收减少，牛采食这类饲料较多时易发病。

排红色尿液，是提示诊断的出发点。病牛尿液是最初1～3天内逐渐由淡红、红色、暗红色，直到紫红色和棕褐色，然后随症状减轻到痊愈，又逐渐由深变淡、直至无色。

随病的进展，贫血程度加剧，可视黏膜及皮肤（乳房、乳头、股内侧及腋下）变为淡红色或苍白色。血液稀薄，凝固性降低，血清呈樱红色，血红蛋白降至20%～40%，红细胞降至100万～200万/毫米^3，白细胞数稍增多，血沉加快，血清胆红素呈间接反应，碱贮下降，血磷含量降到 3 毫克/分升，血钙含量正常。

牛细菌性血红蛋白尿是一种最急性传染病，由溶血性梭菌感染所致，不一定发生于产后或寒冷季节和干旱年代，也无采食十字科植物的病史，6 月龄及稍大些犊牛也发生。临床上有发热及肠出血，24～36 小时便可死亡。用广谱抗生素治疗有效。牛钩端螺旋体病和双芽焦虫病多发生在夏季，均有热征，前者对广谱抗生素或链霉素敏感，阿卡普林对后者治疗效果良好。

【治疗】

（1）应用磷的制剂能获得满意效果，若同时补充含磷丰富的饲料，如豆饼、花生饼、麸皮、米糠等，可提高疗效。磷制剂主要是磷酸二氢钠或次磷酸钙，也包括骨粉。磷酸二氢钠治疗效果快，药价效高；骨粉疗效慢，但经济。临床上一般二者结合使用。20%磷酸二氢钠溶液 300～500 毫升，静脉注射，每天 2 次，轻症经 1～2 天，重症经 2～3 天，便可治愈。切记，不能以磷酸二氢钾代替。为了疗效好而又经济，静脉注射磷酸二氢钠的同时口服骨粉，每次 250 克，每天 1～2 次。

（2）其他治疗方法

①30 克次磷酸钙溶于 1 000 毫升 10%葡萄糖溶液中，一次静脉注射。

②口服成药“维他磷”，剂量 250～500 毫升，每天 1 次，连用 1～3 天。

③给病牛输相合血。

140. 如何治疗奶牛骨软症？

奶牛骨软症是成年牛软骨内骨化完成后发生的一种骨营养不良。由于饲料中钙或磷缺乏及二者的比例失调而发生，在反刍兽，主要是磷缺乏。病理特征是骨质的进行性脱钙，呈现骨质疏松及形成过剩的未钙化的骨基质。临床特征是消化紊乱、异嗜癖、跛行、骨质疏松及骨变形。

【诊断】本病的临床症状以骨质疏松及骨变形、运动障碍、消化

紊乱为基本特征。

牛病初以异嗜和慢性胃肠卡他症状为主，进而出现跛行。主要表现四肢僵直，运步紧张，或出现四肢的轮跛，随运动量增加跛行加剧。拱背站立，喜卧，并随病程进展最终爬卧不起，俗称“爬窝病”。病牛同时出现食欲减退，腹部蜷缩，粪便干燥，逐渐消瘦等一系列变化。

症状明显后，由于支柱骨骼严重脱钙，脊柱、肋弓、四肢关节疼痛，外形异常。患牛尾椎骨排列移位、变形。重症牛尾椎骨变软，椎体萎缩，最后几个椎体消失。病牛容易发生肢、肋骨骨折及蹄骨脱离与腓肠腱撕脱。病牛血磷和血钙浓度分别是 14～18.5 毫克/100 毫升，2.4～5.6 毫克/100 毫升。

鉴于骨软症病因的复杂性，如钙磷不足或缺乏，或者钙磷比例失调，日照不足或维生素 D 不足，氟中毒等，病因诊断十分重要。

【治疗】首先是改善饲养管理，调整日粮中钙磷比例，增加日照时间，同时配合药物疗法。在病早期出现异嗜时，就在日粮中补充骨粉，可以不药而愈。每天补给病牛骨粉 250 克，5～7 天为一疗程。有跛行的病牛，跛行消失后，仍坚持 1～2 周治疗。重症病例，在补骨粉的同时，配合投给无机磷酸盐制剂，例如，20%磷酸二氢钠 300～500 毫升，或 3%次磷酸钙液 1 000 毫升，静脉注射，每天 1 次，连用 3～5 次。有人建议用脱氟磷酸盐口服，兼有预防和治疗效果。

对爬卧不起且有治疗价值的病牛，除了采用上述措施外，还要采用一系列的对症治疗与加强护理等措施。为此，将患牛放在光照充足、通风良好、温暖的舍内，多铺垫草，勤翻动畜体，防止褥疮。对食欲减退及慢性胃肠卡他的患牛，注意整肠健胃；对疼痛不安的患牛，投与镇痛或镇静剂；对长期拒食的病牛，采用营养疗法等。

141. 如何治疗牛异嗜癖？

异食癖是指由于环境、营养、内分泌和遗传等因素引起的、舔食啃咬通常不采食的异物为特征的一种顽固性味觉错乱的新陈代谢障碍性疾病。

【病因】

（1）饲料单一，钠、铜、钴、锰、铁、碘、磷等矿物质不足，特别是钠盐的不足。

（2）钙、磷比例失调。

（3）某些维生素的缺乏。

（4）患有佝偻病、软骨病、慢性消化不良、前胃疾病、某些寄生虫病等可成为异食的诱发因素。

【临床症状】

（1）患牛乱吃杂物，如粪尿、污水、垫草、墙壁、食槽、墙土、新垫土、砖瓦块、煤渣、破布、围栏、产后胎衣等。

（2）患牛易惊恐，先期对外界刺激敏感性增高，之后则迟钝。

（3）患牛逐渐消瘦、贫血，常引起消化不良，食欲进一步恶化。在发病初期多便秘，其后下痢或便秘和下痢交替出现。

（4）怀孕的母牛，可在妊娠的不同阶段发生流产。

【治疗】治疗原则是缺什么，补什么，继发性的疾病应从治疗原发病入手。

（1）钙缺乏的补充钙盐 如磷酸氢钙。注射一些促进钙吸收的药物如1%维生素D 5～15毫升。维生素AD 5～15毫升。也可内服鱼肝油20～60毫升。碱缺乏的供给食盐、小苏打、人工盐。

（2）贫血和微量元素缺乏时 可内服氯化钴0.005～0.04克，硫酸铜0.07～0.3克。缺硒时，肌内注射0.1%亚硒酸钠5～8毫升。

（3）调节中枢神经 可静脉注射安溴注射液100毫升或盐酸普鲁卡因0.5～1克。也可用氢化可的松0.5克加入10%葡萄糖中静脉注射。

（4）瘤胃环境的调节 可用酵母片100片，生长素20克，胃蛋白酶15片，龙胆末50克，麦芽粉100克，石膏粉40克，滑石粉40克，多糖钙片40片，复合B族维生素20片，人工盐100克，混合一次内服。每天1剂，连用5天。

必须在病原学诊断的基础上，有的放矢地改善饲养管理。应根据牛不同生长阶段的营养需要喂给全价配合饲料。当发现异食癖时，适